石家庄市鹿泉区基层农技推广补助项目

NONGMIN SHIYONG JISHU SHOUCE

农民实用技术手册

李秀敏　主编

河北大学出版社

图书在版编目(CIP)数据

农民实用技术手册 / 李秀敏主编. -- 保定：河北大学出版社, 2015.12

ISBN 978-7-5666-1000-3

Ⅰ.①农… Ⅱ.①李… Ⅲ.①农业技术－技术手册 Ⅳ.①S-62

中国版本图书馆CIP数据核字(2015)第308391号

责任编辑：何　屹
　　　　　刘　婷
装帧设计：王占梅
责任印制：靳云飞

出版发行：河北大学出版社
地　　址：河北省保定市五四东路180号
邮　　编：071002
印　　刷：河北天普润印刷厂
经　　销：全国新华书店
开　　本：710mm×1000mm　1/16
印　　张：15.5
字　　数：187千字
版　　次：2015年12月第1版
印　　次：2015年12月第1次印刷
书　　号：ISBN 978-7-5666-1000-3
定　　价：25.00元

《农民实用技术手册》
编辑委员会

主　任　李秀敏

副主任　杨银珠　李艳辉　赵立平　王丽丽

编写人　李艳辉　辛秀山　苏美荣　李秀敏
聂会芳　张　星　张立宏　吴建利
许素丽　刘胜蓝　刘建利　侯彦琴
侯联革　张　燕　聂海琴　王俊花
徐立莎　王丽丽　徐　靖　刘会平
谢建永　高顺川　康彦生　杜永华
付　莉　路立峰　赵慧宾　李向前
梁　然　李贵芳　康国江　解晓康
张卫霞　王　莉　孙振锋　梁海燕
常丽波

前　　言

发展现代农业，需要农技人员为广大农民提供技术指导和服务支持。编辑一本群众喜闻乐见、符合鹿泉实际、农民可随身查阅的常用农技知识手册，是我们编撰本书的初衷。

本书内容既包括小麦、玉米、蔬菜、土壤肥料、水产养殖、农村沼气管理、农业机械等农民日常实用技术，又包含农业常用知识、农谚、生产窍门；在编排形式上，按照石家庄地区生产实际，编辑了各种作物管理历程和栽培模式，对每一管理环节尽量采用了农民能够看得懂的技术指标，同时，在广泛总结当地农业生产经验基础上，力求内容贴合农业和农民实际需要，方便农民查阅，可适用于冀中石家庄地区广大科技人员和农民朋友农业生产实践，冀中南部分地区可作为参考。

石家庄市鹿泉区农业畜牧局是主管全区种植业、畜牧业、农业机械、水产养殖工作的区政府直属机构，下属农业技术推广中心、农业机械推广中心、新能源办公室、水产中心等专业技术事业单位，主要从事农业、农机、水产养殖、新能源等方面的新技术引进、试验、示范、推广及面向农民进行技术宣传、培训、服务等工作。目前，有专业技术人员 138 名，其中推广研究员 3 名，高级农艺师 28 名，具有雄厚的技术力量。

由于编者水平有限，书中难免存在不足之处，恳请读者批评指正，以便于进一步修改和提高。

编委会

2015 年 10 月 10 日

目　　录

第一章　农业气象

第一节　鹿泉区概述

鹿泉区位于河北省中南部偏西，太行山东麓，石家庄市区西邻，地处东经114°38′，北纬38°05′，总面积603平方公里，地势西高东低，平原、山区、丘陵大致各占1/3。属温带季风气候，冬半年受西北冷空气影响，夏半年受东南暖湿空气影响，因此，冬季寒冷干燥、多刮西北风，夏季炎热多雨、多偏南风，属大陆性气候。年降雨量500～700毫米。70%以上雨量集中在7、8月。夏季气温高，雨量充足，日照时间长。1月份旬平均最高气温5℃以上，无霜期186天左右。春季干旱常有大风和霜冻，夏季局部地区有暴雨和冰雹，秋季连绵细雨，农业生产受到一定影响。夏季极端最高气温43.4℃，冬季极端最低气温－18.4℃。

鹿泉区历年主要气象资料一览表 (1981～2010 年)

月份	1	2	3	4	5	6	7	8	9	10	11	12	全年
平均气温(℃)	−2.0	1.5	7.8	15.7	21.4	26.0	27.1	25.4	21.1	15.1	6.4	0.1	13.8
降水量(mm)	4.0	6.0	12.4	19.5	42.8	59.6	137.2	152.4	51.1	24.6	14.4	3.8	527.7
日照(天)	157.4	163.5	199.3	227.5	246.4	224.6	182.4	188.9	188.8	184.0	153.9	145.7	2266.7
5 厘米地温(℃)	−2.4	0.9	7.8	16.1	22.6	27.1	28.2	26.7	21.9	14.9	6.1	−0.3	14.1
最高气温(℃)	18.4	26.0	31.2	35.8	39.6	42.2	43.4	38.4	39.4	34.0	27.5	24.1	43.4
最低气温(℃)	−16.9	−14.6	−6.5	−0.5	4.5	11.6	15.8	12.8	6.0	−2.5	−11.0	−18.4	−18.4

第二节　鹿泉区基本气象

农业气候

项目 日期 变化范围		平均日期(日/月)	最早日期(日/月)	最晚日期(日/月)	最长日数	最短日数
气温稳定通过 0℃	春	23/1	3/1	4/3		
	秋	4/12	24/11	29/12		
气温稳定通过 5℃	春	8/3	28/1	24/3		
	秋	17/11	9/11	24/11		
气温稳定通过 10℃	春	29/3	14/3	8/4		
	秋	30/10	15/10	9/10		
春季 1 寸半地温稳定通过	10℃	24/3	14/3	3/4		
	12℃	29/3	19/3	8/4		
	14℃	9/4	24/3	18/4		
土表开始结冻		15/12	27/11	5/1		
耕作层(7 寸)开始结冻		22/12	4/2	17/3		
土表开始解冻		22/2	4/2	17/3		
耕作层(7 寸)开始解冻		22/2	3/2	15/3		
霜冻始终日期	早霜	18/10	3/10	2/11		
	终霜	14/4	3/4	22/4		
无霜期			186		203	172

鹿泉区主要作物适宜播期的气象条件

作物	播种的适宜气象条件	相应季节	生育期
冬小麦	气温 16℃～18℃(最高不超过20℃,最低不低于 11℃)土壤湿度 17%～20%	秋分至寒露	230～250 天
棉花	大田 5 厘米地温稳定在 12℃,土壤湿度 17%～19%	谷雨前	190 天左右
土豆	顶凌播种	惊蛰前	90～100 天
春玉米	5～10 厘米地温稳定在10℃～12℃	谷雨后	
夏玉米		小满后夏至前	
山药	5～10 厘米深土壤温度稳定在10℃上床。	清明前后	180 天左右
春山药	气温稳定在 15℃时栽秧,土壤湿度 20%～25%	谷雨前后	

第三节　气象用语

一、降雪强度

用　语	降水量
微　雪	小于 0.1 毫米
小　雪	小于 1 毫米
中　雪	1～3 毫米
大　雪	大于 3 毫米

二、降水强度

时间 用语	12 小时降水总量	24 小时降水总量
小雨	小于或等于 5 毫米	小于 10 毫米
中雨	5～10 毫米	10～15 毫米
大雨	大于 15 毫米	25～50 毫米
暴雨	30～50 毫米	50～100 毫米
大暴雨	50～100 毫米	100～200 毫米
特大暴雨	大于 100 毫米	大于 200 毫米

三、降水性质

用　语	鉴　别
阵雨	1 日内总降水时间不超过 3 小时
雷阵雨	阵雨时带有闪电和雷雨
雷雨	雷雨交加
间歇雨	时降时停
连续雨	从降水开始连续不断
毛毛雨	雨量较小
雨夹雪	有部分雪花降落
雪夹雨	有部分雨点降落

四、降水量的换算

雨量(毫米)	每亩立方米水		雨量(毫米)	每亩立方米水
1	0.7		35	23.3
5	3.3		40	26.7
10	6.7		45	30
15	10		50	33.4
20	13.3		100	66.7
25	16.7		300	200
30	20		500	333

注：1 亩＝667 米^2

第四节　农业的界限温度

界限温度	春季物候	秋季物候
0℃	是指春季当日平均气温稳定通过0℃时，说明寒冷已过，土壤开始化冻，草木萌动	当秋季日平均气温低于0℃时，说明一切露地农作物停止生长，并开始枯黄
3℃	春季日平均气温稳定通过 3℃时，冬小麦、韭菜、各根菜类可返青，春小麦开始播种	秋季气温降到 3℃以下时，作物停止生长，大秋作物叶子变黄
5℃	春季日平均气温稳定通过 5℃时，越冬作物生长活动期和喜凉早春作物的播种期，早春作物开始播种，如早春菜及油料作物等	秋季气温降到 5℃以下时，作物生长缓慢，又把每年从春到秋气温维持5℃之间的时期叫作农耕期

续表

界限温度	春季物候	秋季物候
10℃	春季日平均气温稳定通过10℃时，是越冬作物生长活跃期和喜温作物生长活动期，各种农作物播种后能够生长的热量指标	秋季日平均气温低于10℃，作物的光合作用加强，成熟速度加快
15℃	春季日平均气温稳定通过15℃时，农作物生长进入旺盛期	秋季气温低于15℃时，对贪青作物灌浆和成熟都不利。小麦适宜播种适期
20℃	春季日平均气温达到20℃以上时，对水稻、玉米、高粱和大豆的开花、授粉及成熟才有利，这个界限温度是喜温作物的光合作用最适温度范围的最低界限	大秋作物灌浆的下限日期

第二章　小麦

第一节　小麦的生育期指标、调查依据及麦田苗情分类

一、小麦的生育期指标

小麦生长各生育期分为始期(达到该生育时期的植株占总株数的10%)、盛期(达到该生育时期的植株占总株数的50%)、末期(达到该生育时期的植株占总株数的80%)。一般情况下,只要生长指标达到盛期,就可以表示这个生育时期了。具体生育期指标如下:

生育时期	指标	当地参考
出苗期	全田有50%的麦苗第一片幼叶的顶端露出地面1厘米的日期	播后7天左右
分蘖期	全田有50%的麦苗主茎叶腋间第一个分蘖的顶端露出叶鞘的日期	3叶1心时期
越冬期	连续3天平均气温低于3℃	11月底至12月初

续表

生育时期	指标	当地参考
返青期	全田有50%的麦苗重新恢复生长，在干枯的老叶叶鞘又露出新叶的日期。或全田有半数以上麦苗心叶新长出部分达2厘米左右。冬前叶一般叶尖或较大部分叶片干枯，春生新叶叶尖不干枯	2月底3月初
起身期	全田有50%的麦苗由匍匐转向直立，同时伸出年后第二片叶的日期	4月上旬
拔节期	全田有50%的茎株第一节伸出地面1.5～2.1厘米(用手捏靠近地面的茎基部，感觉到有明显的环状突起，就是茎节)的日期	3月底4月初
孕穗期	全田有50%的植株开始打苞的日期	4月下旬初
抽穗期	全田有50%的植株麦穗顶端(不算芒)露出旗叶叶鞘时，为抽穗期，有80%以上的植株达到这种标准时，为抽穗末期，也叫穗齐期	5月上旬初
扬花期	全田有50%的麦穗中部的小穗颖壳开张，露出花药，散出花粉的日期	5月上旬
乳熟期	全田有50%的麦穗籽粒达到正常大小(但颜色仍是绿色)，用指甲捏，能挤出像牛奶一样的白浆时，即为乳熟期	5月下旬
腊熟期	全田有50%的麦穗籽粒变黄，硬化，已具有本品种的种皮特色，用指甲化开麦粒，其内部呈蜡质状时，即为腊熟期。腊熟期是小麦成熟的标志，也是小麦收割的适宜时期	6月上旬
完熟期	小麦茎叶干枯，籽粒全部具有本品种种子的正常大小和色泽，其内部物质变硬，手捏不动，指甲划不开，手搓不破，即为完熟期	6月中旬初

生育期:在正常条件下,适时播种的小麦,其生育期一般是从播种到蜡熟末期所经历的天数。

二、数据调查依据

项目	调查方法	计算公式	调查时期
平均行距	量取两个垄背之间的距离(米)	垄背之间的距离÷该范围内总行数 对等行距的,可以测 21 行的距离,再除以 20	
亩基本苗数	选取长势均匀、具有代表性的小麦区,选相邻两行小麦,量取 1 米长度,统计这个范围内所有茎数	公式一:666.67×1 米双行苗数÷平均行距(米)÷10000 公式二:1 米双行苗数÷行距(以寸为单位) (单位:万)	1 叶 1 心期
亩茎数	选取长势均匀、具有代表性的小麦区,选相邻两行小麦,量取 1 米长度,统计这个范围内所有茎数,包括主茎和分蘖	公式一:666.67×1 米双行茎数÷平均行距(米)÷10000 公式二:1 米双行总茎数÷行距(以寸为单位) (单位:万)	越冬前 11 月底、12 月上旬
单株蘖	选取长势均匀、具有代表性的小麦区,连续取 20 株基本苗,统计其总蘖数(包括主茎和分蘖)	20 株总蘖数÷20	越冬前 11 月底、12 月上旬
株高	测量从地面到穗顶部(不算芒)的高度	量取 20 株,计算平均值	成熟期

续表

项目	调查方法	计算公式	调查时期
亩穗数	选取长势均匀、具有代表性的小麦区，选相邻两行小麦，量取 1 米长度，统计这个范围内所有有效穗数（单穗粒数 5 粒以上）	公式一：666.67×1 米双行穗数÷平均行距（米）÷10000 公式二：1 米双行穗数÷平均行距（以寸为单位） （单位：万）	成熟期
穗粒数	选取长势均匀、具有代表性的小麦区，连续取 20 个有效穗，脱粒后统计其总粒数	20 个穗的总粒数÷20	成熟期

小麦亩产（公斤/亩）＝亩穗数（万/亩）×穗粒数（粒/穗）×千粒重（克/千粒）×0.85÷100

三、小麦田分类指标

指标／分类	越冬和返青期				起身、拔节期	
	亩茎数	其中			亩茎数	其中
		3 叶大蘖	单株分蘖	次生根		单株分蘖
一类麦	60 万以上	40 万以上	3～4 个	5～7 条	80～120 万	4～6 个
二类麦	40～60 万之间	20～40 万	2～3 个	3～6 条	60～80 万	3～4 个
三类麦	40 万以下		1～2 个	2 条以下	50 万以下	3 个以下

时期＼指标			一类麦	二类麦	三类麦
越冬返青期	亩茎数		70 万以上	50～60 万	45 万以下
	其中	3 叶大蘖	40 万以上	20～40 万	
		单株分蘖	3～4 个	2～3 个	1～2 个
		次生根	5～7 条	3～6 条	2 条以下
起身、拔节期	亩茎数		80～120 万	60～80 万	50 万以下
	其中	单株分蘖	4～6 个	3～4 个	3 个以下
管理措施			一类麦田控促结合。对底肥足，墒情足，亩茎数在 70～80 万的麦田，应在起身后期至拔节初浇春一水，并结合浇水，亩施尿素 15～20 公斤，或埋施碳铵 40 公斤	二类麦田促控为主。亩茎数在 50～60 万的麦田，应在起身期浇春一水，并结合浇水亩施尿素 15 公斤，或深埋碳铵 40 公斤	三类麦田以促为主。亩茎数在 45 万以下的麦田，应在小麦返青期(3 月上旬)浇春一水，结合浇水，亩施尿素 15 公斤，在拔节期浇春二水，结合浇水，亩施尿素 6 公斤

第二节 小麦管理历程

时间	生育阶段	主攻目标	管理措施
9月下旬	播前准备	选好种、造好墒、整好地、种子处理	1.选用优良品种。选用丰产性、抗逆性好、生育期适宜的优良品种。在鹿泉区表现较好的品种，济麦22、良星99、良星66、婴泊700、农大399、石新828、石麦18等品种。 2.浇足底墒水。播前如无大的降雨，一定要浇足底墒水，杜绝抢墒播种、播后浇蒙头水的情况。玉米收获晚的，可以推广玉米带棵洇地的方法，既减少用水量，又保证小麦适时播种。 3.施足基肥。一般每亩(667平方米=1亩，下同)底施有机肥3～5平方米、尿素7～10公斤、磷酸二铵15～20公斤、钾肥(硫酸钾或氯化钾)5～10公斤、硫酸锌1.5公斤或小麦专用肥40～50公斤，结合翻地施入。 4.提高整地质量。秸秆还田的一定要把秸秆粉碎精细，旋耕要尽可能增加深度，旋耕2遍，整地时间一定要根据墒情掌握，整地质量要达到土地平整、上虚下实、无明暗坷垃的要求。不少粘土地麦田，底墒水后把握整地时间不好，整地质量差，坷垃大而多，影响播种质量。 5.种子处理。一是晾晒和做好发芽试验；二是普及药剂拌种。在生产上要注意杀虫剂、杀菌剂混合拌种，不能只用一种农药拌种。对全蚀病、黑穗病发生较重的地块和易感品种，要选用对路药剂进行拌种。防治地下害虫，用50%辛硫磷100毫升，拌麦种100公斤，拌后堆闷6小时；防治腥黑穗病、杆黑粉病、根腐病、纹枯病，可用2%立克秀湿拌剂150克或2.5%适乐时种衣剂200毫升，拌麦种100公斤；防治小麦全蚀病，重病区，提倡轮作倒茬，种植非禾本科的甘薯、大豆、花生、油菜、棉花、蔬菜等作物；新发生区用12.5%全蚀净悬浮液20毫升，拌种子10公斤，拌前先将20毫升药与100～120毫升水混匀再拌种。

续表 1

时间	生育阶段	主攻目标	管理措施
10月上中旬	播种至出苗	适期播种、把握播量，确保苗全苗壮	1.播期。鹿泉区适宜播期为10月3～15日，以5～10日最佳。 2.播量。要根据地力、品种、播期等因素合理确定播量。适期播种的一般掌握在10～12.5公斤/亩。地力高的适当降低，地力低的适当增加；播种早的适当降低，播种晚的适当提高（每晚播一天，增加0.5公斤/亩）；分蘖成穗率高的品种适当降低，分蘖成穗率低的品种适当提高。 3.播深。播种浅的好处是出苗早、发苗快，前期生长好，但既不抗旱又不抗寒，往往造成旱寒死苗。不少麦田播种质量低，播深不一致，也造成这种现象。播种过深出苗晚，苗细弱，分蘖少。适宜播深为3～5厘米。 4.等行全密种植。种植形式以12～15厘米为主，也可根据机械化作业调整大小行，或采用六密一稀，大行20～25厘米。 5.抓好播种质量：播种质量直接关系到苗全、苗匀，是高产的基础。要调整好播种机，田间操作时要匀速、慢速前进。做到播行匀直、下籽均匀、深浅一致、覆土良好、镇压确实，确保苗全、齐、匀，无缺苗断垄。 6.播后镇压。一般年份镇压作用好像不太明显，但是，在旱地，或者是抢墒播种，冬前未浇水，降雨又少的年份，在生产上作用是非常明显的，甚至决定绝收与否。秸秆直接还田地块秸秆量大的，镇压踏实土壤其作用明显（2009年秋播小麦出苗全，冻害轻）。

续表 2

时间	生育阶段	主攻目标	管理措施
10 月中旬至 11 月底、12 月初	出苗至越冬	力争苗齐苗壮，促进分蘖，保证安全越冬	1.及时查苗补种。小麦出苗后要及时查补苗，出苗率低的地块，应立即以小水轻灌，促进齐苗。 2.防病治虫。地下害虫危害严重的地块，选择合适的药品，制成药土，在根旁开浅沟撒入药土，随即覆土，或结合锄地施入药土。也可用药对水，顺垄浇灌，防治蛴螬、金针虫等地下害虫。 3.杂草秋治：防除雀麦、节节草和看麦娘等禾本科杂草，在冬前（10 月底至 11 月 10 日前，小麦 3 叶、杂草 2 叶 1 心）亩用 3%世玛油悬浮乳剂 20～30 毫升加助剂宝 60 毫升，兑水 30 公斤喷雾。 如果禾本科杂草和阔叶类杂草（如麦蒿子、荠菜、麦瓶草等）混合发生，需要喷施 3%世玛油悬剂 20～30 毫升加 10%苯磺隆可湿性粉剂 10 克，兑水 30 公斤左右。要严格用药量，防止重喷或漏喷。 4.适时冬灌。一般年份可以不浇，但配套措施要跟上，如整地好坏、秸秆还田量和粉碎质量等；干旱年份在大田生产上还是要浇封冻水。冬灌时间以平均气温降到 4℃～5℃，日消夜冻时浇越冬水为宜（一般在 11 月中旬前后）。 5.适时镇压。对群体过大过旺麦田，和耕作粗放、坷垃较多的麦田，地面封冻前进行镇压，压碎坷垃，弥补裂缝，可起到保温保墒的作用。压麦应在中午以后进行，以免早晨有霜冻镇压伤苗。盐碱地不宜镇压。

续表 3

时间	生育阶段	主攻目标	管理措施
2月底、3月初至5月上旬	返青至抽穗	促早发、增分蘖、提高成穗率	1.水肥管理。根据苗情、墒情确定春季第一水时间。一般应掌握在一类麦田起身末至拔节初(3月底4月初)、二类麦田在起身初期、三类麦田在返青后至起身初浇春一水,并结合浇水,亩施尿素15公斤,或埋施碳铵40公斤。春二水在孕穗至抽穗期(4月下至5月初)。 2.化学除草。在小麦起身拔节期,用苯磺隆10克兑水25～30公斤喷雾,及时灭除田间阔叶杂草。 3.合理化控。对麦苗生长偏旺的田块,在拔节初期使用40%矮壮素150～200克/亩,结合化学除草混合喷雾,控制小麦旺长,促根系生长,防倒伏抗病,增分蘖,增粒重,增产量。 4.防治病虫害。吸浆虫蛹期防治用3%甲基异柳磷颗粒剂1.6～2.4公斤/亩,拌细土20公斤,撒后浇水防治;防治红蜘蛛用1.8%阿维菌素乳油3000倍液或20%哒螨灵乳油2000～3000倍液喷雾;防治白粉病用20%三唑酮乳油1000倍液喷雾。

续表 4

时间	生育阶段	主攻目标	管理措施
5 月上旬至 6 月中旬	扬花至成熟	增粒数、增粒重、防干热风，保丰收	1.浇好灌浆水。一般在 5 月 15～20 日，不晚于 5 月 30 日。生育后期小麦植株重心上移，应注意防倒，从灌浆期开始尽量避免三级风以上天气浇水。 2.“一喷综防”。扬花后灌浆初期，防治麦蚜、白粉及叶部病害，保护叶片，对提高千粒重作用非常明显。这些病虫害也是小麦后期常发病虫害，生产上往往防治不及时，可以掌握在抽穗后 7～10 天用杀虫杀菌剂混合进行提早防治。可结合营养剂（1%～2%尿素加 0.2%磷酸二氢钾或水溶性复合肥）综合运用，达到达到防病虫、防干热风、防早衰、增粒重的目的。 3.适时收获，力争颗粒归仓。

第三节　小麦高产管理原则及主推技术

一、小麦高产管理原则

(一)品种布局

以早熟品种为主,因地选种,多类型搭配。早、中、晚适当搭配,高、中、低合理布局,既要控制多、乱、杂,又要防止单一化。

(二)肥料运筹

用量上稳控氮磷、补施钾肥、配施微肥;方法上底足、后移、分次追肥。

在施肥方法上提倡底足(底肥足)、后移(追肥后移)、分次追肥。底足是为了保证冬前壮苗,追肥后移和分次追肥是为了在冬前实现合理群体结构基础上,控制冬后群体过量增加,利于两极分化,增加粒数,争取粒重。

(三)水分运筹

底足、前控、中促、后保。

底足即足墒下种,足墒越冬,保证苗齐、苗全、苗壮。

前控即早春控水,推迟春一水,协调群个体结构,防止倒伏。

中促即起身到孕穗,及时浇水保证田间持水量80%～90%,促进小花分化及营养生长。

后保即保证扬花灌浆水,延长绿叶功能期,提高灌浆强度,增加粒数和粒重。

(四)常规措施

本着“压播量、增分蘖、争冬前、控春后、平衡发展”的思路管理。

随着产量水平的提高,播量随之降低。也就是说进一步高产是靠培肥地力等措施提高分蘖、增加穗数来实现的,而不是靠增加播量,增加群体来实现的。

争冬前主要是指争冬前群体,关键是精细整地、施足基肥、适墒适期播种等各项措施。

控春后的关键是推迟春季第一次肥水。这是高产麦田管理的关键时期,是协调群体和个体状况的关键。在冬前实现理想群体的基础上,控制春后无效分蘖的大量生长,使冬前到冬后的群体没有大起大落,起身后两极分化速度快,群体发展比较平稳,达到麦脚利索,有利于通风透光,同时增强抗倒伏能力。

(五)病虫草防治

以防为主,防治结合,抓住关键,突击除治。

随着耕作技术和产量水平的提高,病虫防治越来越成为实现小麦高产稳产的主要保障措施。但是在生产上农民群众特别是在后期病虫防治上,往往不见病不治病,不见虫不治虫,而且防治周期长,用水量小,防效低。但往往是后期的病虫(麦蚜、白粉以及叶枯、颖枯、黑穗等其他叶部病害)造成千粒重降低或达不到理想的千粒重,进而影响产量,这些病虫害实际上已经是常发病虫害。高产麦田必须把病虫防治在萌芽状态,有人形象地说应该"防虫不见虫,防病不见病",虽然不太科学,但对于常发病虫来讲,在生产上比较实用。高产麦田应该是以防为主,而不是以治为主,同时要抓住关键时期,突击除治,并且要改进防治方法,提高防效。

二、近年小麦生产上主推技术

(一)"两适"技术

即玉米适期晚收和小麦适期晚播配套技术。该技术的推广充分挖掘两大作物增产潜力,是实现夏秋粮均衡增产的有效措施。石家庄市种植的玉米品种主要有邢抗 2 号、浚单 20、冀玉 9 等,生育期在 100 左右,籽粒灌浆期需要 50～52 天。而石家庄市播种期多在 6 月 10～15 日,其收获期应当为 9 月 25 日～10 月 1 日。据专家测定，自蜡熟至完熟期，每增加1天，千粒重增加3～4克，亩增加产量6～8公斤，如果晚收5～7天，亩可增产30～40公斤。

20世纪90年代以来，石家庄市进入气温偏高期，年平均气温大约升高1℃，年积温增加330℃，增加的积温主要在秋、冬、春3个季节，即小麦生长期，小麦生长期增加积温200℃～300℃。小麦播种偏早，冬前容易形成旺长，病虫草害、冻害发生的概率相对增加，给小麦春季管理带来困难，小麦达不到高产。

(二)测土配方施肥技术

“测土”就是摸清土壤养分含量，为配方提出科学依据；“配方”就是使肥料的配比达到科学、准确、合理；“施肥”就是配方的实施。鹿泉区冬小麦施肥应以氮肥为主，磷肥、钾肥以维持为主，补施硫肥。亩产400公斤左右地块氮肥(N)亩施用量12～14公斤(底追各占50%)，磷肥(P_2O_5)亩施用量5～6公斤，钾肥(K_2O)亩施用量3～5公斤。亩产500公斤左右地块氮肥(N)亩施用量14～16公斤(底追各占50%)，磷肥(P_2O_5)亩施用量6～7公斤，钾肥(K_2O)亩施用量不超过6公斤。均应补施硫元素肥料，每亩施用量1.5～2公斤。

(三)节水高产技术

农业节水途径：工程设施节水(喷灌、管灌、微喷等)；生物节水(就是培育节水品种，在同等水供应条件下能够获得更高的产量，是实现农业节水最经济、最有效的措施)；农艺节水(包括增施有机肥；推广秸秆覆盖、秸秆还田技术；深松耕、深浅轮耕；缩行种植；改变灌溉方式，优化灌溉制度；高产栽培配套技术)。

节水高产栽培的核心：一是培育冬前群体壮苗。个体生长健壮，增强后期对逆境胁迫的抵抗能力；群体结构合理，苗全、苗匀，保证后期形成足够的亩穗数。二是春季水分调控。通过减少浇水次数，上层土壤水分胁迫，促进根系下扎，提高深层供水能力；建立高光效的群体结构，增大容穗量；促进籽粒灌浆；减少氮素损失。

主要是减少浇冻水和麦黄水。

(四)等行全密种植技术

等行全密种植技术可以有效地提高亩穗数、改善群个体结构，只要在种植形式上有所改进，就能明显地提高小麦产量。缩行全密种植可以在原播种机基础上直接调整为15～16.5厘米等行种植，目前主推12～15厘米为主的种植形式。为了便于田间操作和玉米播种，可以六密一稀，大行20～25厘米。也可根据机械化作业调整大小行。

(五)杂草秋治技术

鹿泉区麦田禾本科杂草、阔叶杂草呈“岛屿型”发生，局部造成严重影响，传统的春季化学除草对此类杂草防治效果不理想，主要原因一是时期不对，二是用药不对路，因此，必须强调在秋季进行防治，小麦3叶期适时进行防治。防除雀麦、节节草和看麦娘，杂草量大地块在冬前(10月底至11月10日前，小麦3叶、杂草2叶1心)亩用3%世玛油悬浮乳剂20～30毫升加助剂宝60毫升，兑水30公斤喷雾。

第四节 小麦主要病虫害的发生防治技术

一、小麦病害防治

(一)小麦锈病

小麦锈病又叫黄疸，主要有条锈、叶锈、秆锈三种，叶锈病为常发病害，条锈病间歇流行，秆锈病已很少发生。

1.症状识别

条锈主要为害小麦叶片，也可为害叶鞘、茎秆、穗部。夏孢子堆在叶片上排列呈虚线状，鲜黄色。

叶锈主要为害叶片，叶鞘和茎秆上少见，夏孢子堆在叶片上散生，橘红色。

秆锈主要为害茎秆和叶鞘，也可为害穗部。夏孢子堆排列散乱无规则，深褐色。

2.发生规律

三种锈病均属于气流传播病害。发病的轻重主要与降水条件、越夏越冬菌源量和感病品种面积大小关系密切。一般秋冬、春季雨水多，感病品种面积大，菌源量大，锈病发生重。

3.防治方法

①因地制宜种植抗病品种，这是防治小麦锈病的基本措施。②拌种。对秋苗常年发病较重的地块，用种子量0.03%的立克秀，或用种子量0.02%的粉锈宁或禾果利拌种。即用15%粉锈宁可湿性粉剂75克或20%粉锈宁乳油75毫升与50公斤种子拌种。务必干拌，充分搅拌均匀，严格控制药量，浓度稍大影响出苗。③大田防治。在田间发现病中心，及时进行喷药控制。每亩用12.5%禾果利可湿性粉剂30～35克，或20%粉锈宁乳油每亩45～60毫升，或25%粉锈宁可湿性粉剂每亩30克，或速保利可湿性粉剂每亩用药15～30克，或选用其他三唑酮、烯唑醇类农药按要求剂量进行喷雾防治。重病田要进行二次喷药。

(二)小麦白粉病

1.症状识别

主要为害叶片，严重时可在叶鞘、茎秆和穗颈上发生。一般叶正面病斑比反面多，下部叶片较上部叶片重。病叶早期黄化、卷曲并枯死。茎和叶鞘受害后，植株易倒伏。重病株通常矮缩不抽穗。

2.发生规律

小麦白粉病是一种由气流传播的病害，最适宜的温度是15℃～20℃，适宜的相对湿度为100%。早春气温高，3～5月份雨水多，有利于其发病。干旱年份，植株生长不良，抗病力减退时，发病也较重。施氮肥过多，播种过早，小麦抗病力减弱。

3.防治方法

①选用抗病丰产品种。②合理施肥浇水,加强田间管理,培育壮苗,提高植株的抗病能力。③药剂防治,当病叶率达到10%时,可用20%粉锈宁乳剂每亩50毫升,或15%粉锈宁可湿性粉剂每亩75克兑水60~80公斤。

(三)小麦纹枯病

1.症状识别

小麦苗期感病后,病部初呈暗绿色小斑,后渐扩大呈云纹状大斑。小麦拔节后病斑主要发生在基部叶鞘上。侵茎后易出现“白穗”,极易倒伏。

2.发生规律

早春气温偏高,中期气温正常,后期气温偏低,再加上雨水偏多,可造成纹枯病严重危害。

3.防治方法

①药剂拌种。当前施用效果较好的是用20%三唑酮乳油、25%三唑酮可湿性粉剂、12.5%烯唑醇悬浮剂、3%戊唑醇湿拌剂等拌种,药剂用量为干种子量的0.02%~0.03%。②喷雾。防治适期掌握在小麦分蘖末期纹枯病纵向侵染时喷药,当平均病株率达10%~15%时开始防治。喷雾所用药剂可采用下列的一种:20%三唑酮乳油50毫升、15%或25%三唑酮可湿性粉剂分别为75克、100克,15%三唑酮可湿性粉剂75~100克、25%烯唑醇可湿性粉剂50~60克或12.5%烯唑醇悬浮剂100毫升等。喷雾时适当加大水量,使植株中下部充分着药,确保防效。

(四)小麦全蚀病

1.症状识别

小麦全蚀病是一种根腐和茎腐性病害。幼苗期植株矮化,叶色变浅,底部叶片发黄,分蘖减少,种子根和地下茎变成灰黑色。严重时,次生根变为黑色,植株枯死。灌浆到成熟期根茎变色部分形成基腐性的“黑脚”症状。最后造成植株枯死，形成“白穗”。

2.发生规律

主要以带菌根茬的土壤、混有病残体的粪肥和种子三条途径传播。从幼苗到抽穗期都可侵染，以幼苗期为主，冬前分蘖期和返青拔节期是侵染盛期。侵染适温16℃左右，发育适温20℃～25℃。

通气好的土壤有利于发病。土壤肥力不足发病重，使用铵态氮，增施磷肥能减轻病害。土壤湿度大有利于病害的发展，晚秋或春季雨多年份发病重。小麦全蚀病还有自然衰退现象，如果在同一块地连作种植感病作物3～5年，病害的增加就会在数量上和严重度上达到顶峰，之后病害便逐年自然下降。

3.防治

(1)合理轮作

实施1～2年换种一次非寄主作物，如：棉花、薯类、蚕豆、豌豆等。对即将衰退麦田和衰退麦田，要保持小麦连作或小麦玉米复种，促进全蚀病自然衰退。

(2)增施有机肥和磷肥

麦收后深耕灭茬、晒土、蓄水等；冬麦返青拔节时期适时中耕，促进根系发育；加强水肥管理，减轻干热风为害；不用病残物积肥，施用净肥等均可减轻为害或减少损失。

(3)药剂防治

种子处理可用12.5%全蚀净20毫升，或蚀敌100克拌麦种10公斤，或用12.5%烯唑醇可湿性粉，按种子量0.02%拌种，可控制全蚀病危害。小麦返青期，施用蚀敌或消蚀灵每亩100～150毫升，兑水150公斤灌根。在小麦起身至拔节期，用15%粉锈宁可湿性粉(亩用药量150～200克)或20%粉锈宁乳油(亩用药量100～150克)兑水50～60公斤喷洒，防效可达60%。

(五)小麦根腐病

1.症状识别

该病症状因气候条件而不同。在干旱半干旱地区,多引起茎基腐、根腐;在分蘖期,根茎部产生褐斑,叶鞘发生褐色腐烂,严重时也可引起幼苗死亡。成株期在叶片或叶鞘上,最初产生黑褐色病斑,中央灰白色至淡褐色,边缘不明显。

2.发生规律

小麦根腐病菌以分生孢子附在种子表面或菌丝体潜在种子内部越夏、越冬;分生孢子和菌丝体也能在田间病残体上越夏或越冬。土壤带菌和种子带菌是苗期发病的初侵染源。不耐寒或返青后遭受冻害的麦株容易发生根腐,高温多湿有利于地上部分发病,24℃～28℃时,叶斑的发生和坏死率迅速上升,在25℃～30℃时,有利于发生穗枯。重茬地块发病逐年加重。小麦品种间抗病性有一定差异。

3.防治方法

控制苗期病害的关键是避免麦田连作,施足基肥,适时播种,及时追肥,覆土不宜过深。

①轮作倒茬。小麦收获后,将麦株病残体充分清除出麦田,集中沤肥或销毁。提倡小麦与棉花、油菜等作物轮作,降低病原菌在土壤中的存活量。②合理施肥。施用农家肥,均衡施肥,实行测土配方施肥。③提高播种质量。播种时将土壤整平、整细,播种深度3～4厘米。④药剂拌种。用6%立克秀悬浮种衣剂进行种子处理。⑤小麦苗期对发生根腐病的田块叶面喷施一次内吸性杀菌剂和磷酸二氢钾混合液。用丙环唑1500～2000倍液,或恶霉灵1200～1500倍液,或烯唑醇2500～3000倍液,混合磷酸二氢钾300倍液田间喷施,田间喷施时,将喷雾器喷头用纱布包扎,将药液顺麦行喷至麦株基部,可有效控制病害发生。

(六)小麦赤霉病

1.症状识别

赤霉病自幼苗至抽穗期均可发生,引起苗腐、茎基腐和穗腐等,其中以穗腐发生最为严重、普遍。穗腐于小麦扬花后出现。田间潮湿时,病部产生粉红色胶质霉层,病种子变瘪,具粉红色霉层。

2.发生规律

带病的玉米根茬、麦秆、麦穗、棉秆、棉铃壳、杂草以及未腐熟厩肥中的玉米秆等残体为主要初侵染源。种子内部潜伏的菌丝体主要引起苗枯和茎腐。病残体上产生的子囊壳中的子囊孢子在穗上侵染引起穗腐。

在春季气温升高,雨水多时,病菌大量繁殖,并由雨水飞溅或风吹传播到麦穗上。在高温高湿的条件下,很快在麦穗上产生霉层,霉层上的病菌通过风雨进行再侵染。一般年份的赤霉病为害,以扬花期病菌一次侵染为主,在多雨的年份会有再侵染。气温15℃,相对湿度80%以上,穗部开始发病,田间湿度大、密度过高发生重。小麦抽穗扬花期出现连阴雨天气容易引起大流行。小麦品种间感病程度有差异,一般大穗、晚熟品种发生相对较重。

3.防治方法

预防该病,可于小麦始花期喷洒50%多菌灵可湿性粉剂800倍液,或60%多菌灵盐酸盐可湿性粉剂1000倍液防治。

二、小麦主要虫害的发生与防治

(一)麦蚜

麦蚜发生的有6种,其中以麦二叉蚜、麦长管蚜和禾缢管蚜为优势种。危害症状为叶片初期出现黄白色斑,后期扩大为条状斑,严重时全叶皱缩枯黄,植株枯死。小麦抽穗后,群集穗部为害,使麦粒不饱满,甚至成为白穗。

1.形态特征

麦长管蚜:身体椭圆形,淡绿至绿色,红色。禾缢管蚜:身体卵圆形,深绿色后端有赤红色至深紫褐色横带;麦二叉蚜:身体椭圆形或卵圆形,淡绿色或黄绿色,背面有绿色纵条带。

2.发生规律

麦蚜一般一年发生10～20代。秋季小麦出苗后各种麦蚜都从麦田外迁入麦田繁殖为害。小麦分蘖期出现蚜量小高峰。之后随气温下降,数量减少。返青后,麦蚜的数量逐渐增加,小麦抽穗扬花,麦蚜繁殖极为迅速,至乳熟期达到高峰,对小麦危害最严重。小麦乳熟期开始后,蚜虫数量减少,有翅蚜增加,在麦收前向越夏寄主迁飞。春季前期以麦二叉蚜为主,抽穗前禾缢管蚜占优势,抽穗后至乳熟期麦长管蚜为主。

蚜虫的天敌极为丰富,常见的天敌种类有50种左右。主要有瓢虫、食蚜蝇、草蛉、捕食螨和蚜茧蜂等,对麦蚜种群数量有一定的抑制作用。

3.防治方法

防治指标:蚜株率达30%以上,百株蚜量500头,天敌单位与麦蚜比小于1∶150,白粉病病株率达20%。干热风标准为气温30℃以上、风力3级以上、空气相对湿度30%以下。

防治方法:亩用5%吡虫啉乳油70～80毫升及2.5%高效氯氟氰菊酯乳油70毫升(或48%毒死蜱乳油50毫升),混合喷施,每亩兑水30～40公斤均匀喷雾。病虫发生严重的地块,要连续防治2次,一般间隔7～10天。

(二)麦蜘蛛

麦蜘蛛主要有麦长腿蜘蛛和麦圆蜘蛛两种。为害小麦叶片,严重时也危害叶鞘和茎。麦蜘蛛春秋两季为害麦苗,刺吸汁液,被害处先出现白斑,以后变黄,受害轻时,植株矮小,穗小粒轻,受害严重时,则干枯死亡。

1.形态特征

麦长腿蜘蛛成螨体形菱形(长圆型),黑褐色,长约 0.6 毫米,宽约 0.2 毫米,背面中央有一红斑。足 4 对橙红色,第 1、4 两对足特别长。雄成螨体形略小,梨形。若虫共 3 龄,1 龄有足 3 对,体圆,长宽各 0.15 毫米,2、3 龄有足 4 对,与成虫相似。

麦圆蜘蛛成虫体形略圆,深红色,长约 0.6～0.8 毫米,4 对足长相差不多,有背肛。若虫共 4 龄,1 龄有足 3 对,2 龄后增至 4 对,体形和体色均与成虫相似。

2.发生规律

麦长腿蜘蛛一年发生 3～4 代,以成虫和卵越冬。翌年 3 月越冬成虫开始活动,卵也陆续孵化,4～5 月进入繁殖及为害盛期。5 月中下旬成虫大量产卵越夏。10 月上中旬越夏卵陆续孵化为害麦苗,完成一世代需 24～26 天。麦圆蜘蛛一年发生 2～3 代,以成、若虫和卵在麦株及杂草上越冬。3 月中下旬至 4 月上旬虫量大,为害重,4 月下旬虫口消退。越夏卵 10 月开始孵化为害秋苗。每雌虫平均可产卵 20 余粒,完成一代需 46～80 天。两种麦蜘蛛均以孤雌生殖为主。麦长腿蜘蛛喜干旱,生存适温为 15℃～20℃,最适相对湿度在 50%以下。白天活动为害,以下午 3～4 点最盛,遇雨或露水大时,即潜伏麦株丛及土缝中不动。麦圆蜘蛛多在 8、9 时以前和 16、17 时以后活动。不耐干旱,生活适温 8℃～15℃,适宜湿度在 80%以上。遇大风多隐藏在麦丛下部。春季成虫将卵产在小麦分蘖丛和土块上,秋季多产在须根及土块上。卵集聚成堆,每堆 10 余粒,水灌麦田低洼湿润或密植麦田发生较重。麦长腿蜘蛛则以旱地麦田发生重。

3.防治

防治指标:一尺单行小麦有虫高于 200 头时,立即进行防治。

防治方法:用 1.8%阿维菌素 2000～3000 倍液喷雾,或 20%哒螨灵可湿性粉剂 1000～1500 倍液喷雾。

(三)小麦吸浆虫

小麦吸浆虫有麦红吸浆虫和麦黄吸浆虫两种,当地发生的主要是麦红吸浆虫。以幼虫潜伏在小麦颖壳内吸食正在灌浆的麦粒汁液,造成疵粒、空壳。大发生年可造成全田毁灭,颗粒无收。

1.形态特征

麦红吸浆虫成虫体长2～2.5毫米,翅展约5毫米,体橘红色。雄虫触角14节,因每节有2等长的结,每个结上有1圈长环状毛,看似26节;抱雌器基节有齿,端节细,腹瓣狭,比背瓣长,前端有浅刻。雌虫触角每节只1结,环状毛极短。产卵器不长,伸出时不超过腹长之半,末端有2瓣。卵大小约0.32×0.08毫米,长卵形,末端无附属物。幼虫体长3～3.5毫米,橙黄色,体表有鳞状突起,前胸腹面有"Y"形剑骨片,前端有锐角深陷,末节末端有4个突起。蛹橘红色,头部前1对毛较短。

麦黄吸浆虫成虫与红吸浆虫相似,主要区别为体姜黄色,雄虫抱雌器基节无齿;雌虫产卵器很长,伸出时同身体一样长。卵大小为0.25×0.068毫米,末端有透明带状附属物,约与卵等长。幼虫体长2～2.5毫米,黄绿色,入土后为鲜黄色,体表光滑,剑骨片前端有弧形浅裂,末节末端有2个突起。蛹:体鲜黄色,头部前1对毛较长。

2.发生规律

两种吸浆虫发生均一年一代,遇不良环境幼虫有多年休眠习性,故也有多年一代的。以老熟幼虫在土中结圆茧越冬、越夏。3月上中旬越冬幼虫破茧上升到土表,此时小麦多处于拔节期,4月中下旬大量化蛹,蛹羽化盛期在4月下旬至5月上旬,成虫出现后,正值小麦抽穗扬花期,随之大量产卵。在同一地区黄吸浆虫发育历期略早于麦红吸浆虫。成虫羽化后当天或第二天即行交配产卵,红吸浆虫多将卵产在已抽穗尚未扬花的麦穗颖间和小穗间,一处3～5粒,卵期3～5天。黄吸浆虫多产在刚露脸初抽穗麦株的内外颖里面及其侧片上，一处产5～6粒，卵期7～9天。幼虫孵化后，随即转入颖壳，附在子房或刚灌浆的麦粒上唑取汁液为害。幼虫共3龄，历期1.5～20天，老熟幼虫为害后，爬至颖壳及麦芒上，随雨珠，露水或自动弹落在土表，钻入土中10～20厘米处作圆茧越冬。

小麦吸浆虫的发生受气候、品种等多因素影响。当10厘米土温7℃时，幼虫破茧活动，12℃～15℃化蛹，20℃～23℃羽化成虫，温度上升30℃以上时，幼虫即恢复休眠。天气干旱，土壤含水率低不利化蛹、羽化及成虫产卵。如雨水充沛、气温适宜常会引起吸浆虫的大发生。小麦芒少，小穗间空隙大，颖壳扣合不紧密和扬花期长的品种，利其产卵，为害重。成虫盛发期与小麦抽穗扬花期吻合发生重，两期错位则发生轻。土壤团粒构造好，土质疏松，保水力强也利其发生。在保证虫源的前提下，小麦吸浆虫是否成灾的主导因素是上年7、8月份和当年1、2月份的雨量和气温。

3.防治

(1)蛹期防治

防治指标：每个土样(10厘米×10厘米×20厘米)有虫2头以上。

防治方法：在小麦孕穗期，亩用5%毒死蜱颗粒剂1公斤，加湿润细土20～25公斤混匀，或48%毒死蜱乳油250毫升加适量水喷拌20～25公斤细土，均匀撒施于土表，注意不要撒到麦叶上。施药应在上午10时以后田间无露水时进行。施药后浇水，以确保防效。

(2)成虫期防治

防治指标：每10复网次有成虫25头以上，或用两手扒开麦垄，一眼能看到2头以上成虫。

防治方法：在小麦抽穗初期，立即选用有机磷类、菊酯类等农药喷雾防治。重发区要连续用药2次，间隔3天，消灭成虫于产卵之前。防治时要小麦全株着药，喷匀打透，亩药液量不少于 30 公斤。

第五节　主要麦田杂草发生与防治

石家庄市麦田杂草于每年 10 月下旬已经陆续出土，杂草种类为阔叶杂草与禾本科杂草混生，禾本科杂草以雀麦、节节麦为主；阔叶杂草以播娘蒿、荠菜、麦瓶草为主。秋季麦田杂草草龄小、用药量小、成本低、效果好，而春季部分杂草防效差且易对小麦及下茬作物产生药害，所以一般以秋季防除为主。

防治方法：

1.禾本科杂草

①以雀麦为主的麦田，亩用 70％氟唑磺隆水分散粒剂 3.5 克或 7.5％啶磺草胺水分散粒剂(优先)9～12.5 克。②以节节麦为主的麦田，亩用 3％甲基二磺隆油悬浮剂(世玛)17～22 毫升，或3.6％甲基碘磺隆钠盐 · 甲基二磺隆水分散粒剂(阔世玛)15～25 克。③以看麦娘为主的麦田，亩用 7.5％啶磺草胺水分散粒剂(优先)12.5克、15％炔草酯可湿性粉剂 20～30 克，或 6.9％精恶唑禾草灵水乳剂 100～120 毫升。

2.阔叶杂草

对于以冬前出土为主的播娘蒿、荠菜等阔叶杂草，每亩可选用 20％双氟 · 氟氯酯水分散粒剂(锐超麦)5～6.5 克，或 20％氯氟吡氧乙酸乳油 40～50 毫升，或 20％氯氟吡氧乙酸乳油 20～25 毫升与 20％二甲四氯水剂 125～150 毫升混配，或 48％苯达松水剂55～75 毫升与 20％二甲四氯水剂 125～150 毫升混配。

3.对于禾本科杂草和阔叶杂草混发麦田，可采用上述两类药剂科学混配防治。

注意事项：

①配置药剂要采取二次稀释法，亩用水量20～30公斤，喷雾前药液应搅拌均匀，严禁超量超浓度施药，有条件的地方尽量采用统防统治，以提高防效和工作效率。

②世玛及其复配制剂在强筋麦、优质麦上谨慎使用，且不易与2,4—滴和长残效除草剂混用，以免出现药害。

③秋季在小麦3～5叶期，禾本科杂草2～4叶期(约在10月底～11月上旬)，麦田各类杂草基本出齐苗时进行防治，春季在小麦返青后拔节前防治，小麦拔节后不要喷施除草剂，以免造成药害。

④选择晴天无风且最低气温不低于4℃无风无露时用药。

⑤喷雾要均匀，做到不重喷、不漏喷；喷药时防止药液漂移到阔叶作物上。

⑥喷雾器要尽量做到专用，施药后要用热碱水冲洗干净，防止造成二次药害。

荠菜

播娘蒿

雀麦

节节麦

第三章　玉米

第一节　玉米生育期指标及调查依据

一、玉米生育期指标

生育期	指　标
播种期	播种日期
出苗期	有50%的幼苗出土，高约2厘米左右，为出苗期
拔节期	全田有50%的幼苗茎基部的第一个伸长节间露出地面2～3厘米，即为拔节期
抽雄期	全田有50%的植株雄穗顶端露出顶叶以外为抽雄期
扬花期	全田有50%的植株雄穗顶部的小花颖壳张开，伸出黄色的花药，散出花粉为扬花期
抽丝期	全田有50%的植株第一个雌穗的花丝从苞叶里抽出来，即为抽丝期
成熟期	全田有90%的植株籽粒变硬，用指甲划不破，同时苞叶变成黄褐色，即为成熟期
生育期	一般指从播种到成熟期所经历的天数

二、数据调查依据

株高:抽雄前量地面到叶片自然伸展时的最高处,抽雄后,测量由地表到雄穗顶端的高度,用厘米表示。

穗位:植株从地表到第一果穗柄着生节的高度,用厘米表示。

倒伏率(根倒):植株倾斜度大于45℃者占全区株数的百分比,倒伏后立即调查。

倒折率(茎折):果穗以下部位折断的植株占全区株数的百分比,收获前调查。

空秆率:成熟后调查不结果穗、或果穗结实20粒以下的植株占全区株数的百分比。

双穗株率:成熟后调查结有双穗(第二穗结实20粒以上)的植株占全区株数的百分比。

行距:在样点处连续测量1～11行的距离,除以10,计算出平均行距(米)。

株距:测量10米双行的株数,计算出平均株距(米)。

穗行数:计数10穗果穗中部的籽粒行数,求其平均值。

行粒数:10穗每穗数一中等长度行的粒数,求其平均值。

千粒重:1000粒籽粒的重量,以克表示。

玉米种植密度(株/亩)=666.7/(平均行距×平均株距)

测产(公斤)=[亩穗数×穗粒数×千粒重(克)]/10^6×90%

第二节 玉米管理历程

时间	生育阶段	主攻目标	管理措施
5月—6月上旬	播前准备	选种、拌种	1.品种选择：选用种子纯度好、净度高、发芽率和发芽势高的种子。单粒播种的玉米种子标准非常严格，它的良种纯度要保证在97%以上，水分含量小于13%，籽粒大小均匀，净度要高于99%，发芽率大于95%。受气候条件限制，鹿泉不适宜种植稀植大穗的晚熟品种。应选择耐密、抗倒、抗病性好、耐旱性较强、结实性好、出米率高(>86%)、经济系数高(>54%)、熟期和穗型适中兼顾适合机械化作业的品种。如郑单958、浚单20、邢抗2号、京单28、“兴农998”“道元8号”、蠡玉35、锐步1号、冀农1号、承玉18等。 2.种子处理：①进行发芽试验，以确定播量，确保全苗。发芽率低于85%的不能作种用。单粒播种要求种子发芽率95%以上。②精选种子。去除小粒、虫粒、秕粒、霉粒、杂粒等。剩下的整齐度一致饱满的种子才能用于播种。③晒种。播前选晴天晒种2～3天，提高种子发芽势和发芽率。④拌种。根据当地病虫发生情况，有针对性地选择杀菌剂、杀虫剂或专用种衣剂进行拌种，可有效控制一些病虫害的发生。拌种时先拌杀虫剂晾干后再拌杀菌剂。 专用种衣剂包衣可选用20%克・多・戊种衣剂，用量为50毫升包种子5～7公斤。或25%萎・克・福美双悬浮种衣剂，包衣时药种重量比为1：40～50。注意种子包衣后应避免阳光直晒，放置于通风处，阴干后播种。既防病治虫，又便捷、省时、省力。 危害玉米的地下害虫主要有金针虫、蝼蛄、蛴螬。用40%辛硫磷乳油10毫升兑水0.5公斤拌种5公斤。 杀菌剂拌种：防治根腐病、黑粉病可用50%多菌灵或25%三唑酮可湿性粉剂10～15克拌种5公斤；防治丝黑穗病，用2%立克秀拌种剂拌种5公斤。

续表 1

时间	生育阶段	主攻目标	管理措施
6月上中旬	播种	保全苗	1.抢时早播,争取较多的光热资源。套种时间可掌握在麦收前 5～8 天,套种过早,麦收时机械损伤玉米苗严重,过晚,起不到套种的作用;麦收后贴茬播种越早越好,最晚不能迟于 6 月 20 日。 2.精量播种。根据品种的发芽率、纯度以及土壤质地、墒情等现状,确定播种量、行距、播种深度。 3.确定播量、播深和行距。采用 50～60 厘米等行距,目前的玉米品种单粒播种亩需种量 3800～4400 粒,播种深度 3～5 厘米,做到播深一致,穴距均匀,覆土严实。 4.配方施肥。播种时选用氮磷钾 28—6—8 或 35—5—10 或 30—0—10 或 26—9—10 玉米复混肥,亩用量不低于 15 公斤。使用缓(控)释肥一次底施、免追肥技术,亩用量 50 公斤。目前生产上播种施肥一体作业,要注意种、肥间隔 5 厘米以上,防止烧苗。 5.浇水保苗。一般贴茬播种土壤湿度小,播种后要及时浇好蒙头水,保证种子正常发芽出苗;套种地块依据土壤墒情,麦收后及时浇水,保证幼苗苗壮生长。 6.苗前除草治虫。贴茬玉米浇蒙头水后或趁雨后(玉米播种后杂草出土前),用封闭型除草剂封闭地皮加入灭生性除草剂杀灭大草及杀虫剂喷施防治灰飞虱、蚜虫及其传播的病毒病。

续表 2

时间	生育阶段	主攻目标	管理措施
6月中下旬—7月上中旬	出苗—拔节	苗全、苗齐、苗匀、苗壮	1.及时查苗补苗。玉米出苗后要抓紧查苗，出现缺苗断垄要及时补种或移栽补苗，最好在幼苗4～5片叶龄前，于下午或阴天带土移栽，移栽后立即浇水，提高成活率。田间缺苗量不大时，可就近留双株，以争取农时。 2.早间苗、晚定苗。要“早间苗、适当晚定苗”，3叶期间苗，5～6片可见叶定苗，定苗时去弱苗、病苗、虫苗，留壮苗、匀苗，缺株时普通直播播种地块时可就近留双株(同行或邻行)。单粒播种苗间距均匀，播种密度合理时无多余苗争水争肥，可以免去间苗，但是目前生产中播种密度过大，仍需间苗。病虫害较重的地块，要晚间苗。 3.留苗密度。根据紧凑型品种宜密、平展型品种宜稀；早熟品种宜密、晚熟品种宜稀；壮地宜密、弱地宜稀原则，做到合理留苗。一般平展型品种掌握亩留苗3000～3800株，半紧凑型3500～4000株，紧凑型4000～4500株。高产田可适当增加。 4.追施苗肥。玉米苗期气温高，降雨少，要及时浇水，未施底肥地块，结合浇水或趁雨，亩追尿素6～10公斤或氮钾复混肥10公斤。 5.防治苗期病虫害。苗期虫害主要有蓟马、粘虫、棉铃虫、耕葵粉蚧、瑞典蝇等，亩用4.5%高效氯氰菊酯乳油、2.5%高效氯氟氰菊酯乳油1000倍液喷雾，同时可以兼治传播病毒病的灰飞虱、蚜虫、叶蝉，起到治虫防病效果。发生玉米耕葵粉蚧的地块亩用50%辛硫磷乳油75～100毫升兑水75～100公斤灌根防治。二点委夜蛾发生地块。①毒饵防治：48%毒死蜱乳油30～50毫升兑适量水，喷拌5公斤左右炒香的麦麸或粉碎后炒香的棉籽饼，于傍晚顺垄撒在玉米苗基部；②随水灌药：亩用50%辛硫磷乳油1公斤，或48%毒死蜱乳油1公斤，随浇地灌入田中；③药液灌根：用48%毒死蜱乳油、50%辛硫磷乳油500倍液喷雾时每亩要用4桶左右的水，顺垄喷雾，除玉米苗根部外，玉米苗周边的麦秸和麦糠也要喷均匀。 6.苗后除草。玉米播种后未实施土壤封闭性化学除草或除草效果较差的地块，可在玉米出苗后喷施烟嘧磺隆和莠去津的复配剂。注意事项：①在玉米苗后3～5叶期适期施药；②严格控制用药量；③不与有机磷农药混用，施药前后7天之内不使用有机磷农药；四是选择晴朗无风天气，上午10点半以前下午4点半以后用药，高温干旱天气兑水量不少于40公斤。

续表 3

时间	生育阶段	主攻目标	管理措施
7月上中旬—8月上中旬	穗期管理（中期管理）拔节—抽雄	促秆壮穗	1.防旱防涝。孕穗期如遇旱应及时灌溉，防止“卡脖旱”。要保证排水干道和田间排水系统畅通，雨后及时排除田间积水。在容易发生倒伏的地块，可采取中耕培土等措施，促进气生根发育，提高植株抗倒能力。培土高度7～8厘米。 2.大喇叭口追肥。在玉米大喇叭口期，结合浇水（或趁雨）亩追尿素20～25公斤。 3.治虫。防治粘虫、棉铃虫、蓟马等害虫，拔节期亩用4.5%高效氯氰菊酯40毫升兑水喷雾。重点防治玉米螟，在大喇叭口期亩用1.5%辛硫磷颗粒剂0.5公斤，加细砂5公斤，BT乳剂150～200毫升，加细砂5公斤，50%敌敌畏乳剂800～1000倍液，灌心叶。 4.化控防倒。密度较大、生长过旺、倒伏风险较大的地块，在玉米7～11叶时喷施金得乐等化控药剂，预防倒伏。

续表 4

时间	生育阶段	主攻目标	管理措施
8月上中旬—10月初	花粒期管理（后期管理）抽雄—成熟	保证授粉受精、促进籽粒灌浆、防止早衰	1.开花水。抽雄至吐丝浇水，保证正常授粉、受精，减少早期籽粒败育。 2.花粒肥。抽雄后，结合浇水，亩补追尿素 5～8 公斤，防止叶片脱肥早衰，促进籽粒灌浆，提高千粒重。 3.灌浆水。视具体天气情况而定，在玉米灌浆期间，如果降雨少，出现干旱时要及时浇水，保证玉米后期灌浆水分供应，提高粒重和产量。 4.人工去雄。抽雄期进行去雄，可减少养分消耗、增加光照，方法是隔 1～2 行去 1～2 行，去雄量不能超过2/3，否则影响正常授粉，也可散粉后将全部雄穗去掉，增加中下部叶片光照，降低植株重心，增强抗倒能力，减轻蚜虫危害，增加产量。 5.后期注意防治蚜虫、红蜘蛛和褐斑病等病虫害，可以采取去雄、剪花丝、喷药等综合措施。宜整株喷药防治。 6.适期收获。最佳收获时期为籽粒乳线消失，玉米苞叶干枯松散，籽粒变硬发亮时进行机械收获。时间上贴茬播夏玉米以 10 月 1～5 日为宜。

第三节　夏玉米高产栽培思路

一、选用紧凑耐密型品种

选用产量潜力高、增产潜力大的优良品种是实现玉米高产的前提条件，全国实现亩产 1000 公斤产量水平的品种绝大多数是紧凑、耐密型，特别是抗倒能力强、后期保绿度好、光合生产效率高的杂交种。

二、加大种植密度

全国玉米超高产研究表明，亩产 1000 公斤产量水平的玉米田，亩穗数绝大多数为 4800～6000 穗，平均达到 5583 穗，高产田种植密度比一般生产田密度高 20%～50%。鹿泉玉米密度多在 3500～4000 株，因此，加大种植密度、提高亩收获穗数是实现玉米高产的重要途径。

三、提高群体整齐度

提高群体整齐度的关键在于提高播种质量、提高幼苗整齐度，高产玉米田应该具有“出苗时间整齐一致、植株大小整齐一致、生长发育整齐一致”的特点。

四、增加肥水投入

亩产 750 公斤夏玉米纯氮投入一般不低于 25 公斤，同时要特别注意氮、钾的配合施用，K_2O 一般不低于 12～15 公斤/亩，高产玉米田氮肥要分次追施，花粒期要补施花粒肥。

五、玉米生产全程机械化作业技术

玉米生产全程机械化主要包括：机械化耕整地、机械播种施肥、机械中耕除草施药和机械化收获等。玉米生产全程机械化作业技术是推进现代农业发展进程的重要举措，不仅可大幅度减轻农民的劳动强度，降低生产成本，解放劳动力，而且还可最大限度地为玉米生长创造最佳的生育条件，发挥良种、肥料等生产要素增产作用，具有显著提高玉米单产的功效。

六、玉米适期晚收技术

玉米收获的最佳时期在“乳线”消失。目前生产上夏玉米的收获时间普遍偏早，收获期从 9 月 20 日推迟到 9 月 30 日(从吐丝 40 天延迟至 50 天)，千粒重平均每天提高 2.2～2.3 克，每晚收 1 天，平均亩产提高 4.92～5.06 公斤，每晚收 10 天，亩产量可提高49.2～50.6 公斤。在不影响种适时麦的情况下，尽量推迟玉米收获期，防止过早收获，影响产量。

第四节 目前生产中存在的主要问题

一、种植密度不合理

主要是不能根据品种特性来确定合理的密度，保守的地方密度偏低，有些地方则密度过大。目前在生产中应用较多的单粒条播，播种密度一般在每亩 5000 株以上，为单粒播种，但播量较大，不在品种适宜密度范围内，这主要是由于播种质量受种子质量、土壤质地、墒情、播种方式等条件影响较大，不易一播全苗。特别是目前多采用抢茬直播，播后直接浇水造墒的情况对一些粉质和出土能力差的种子影响较大，尤其是农民对品种质量(发芽率、纯度)不放心。

二、群体整齐度差

群体整齐度差，大小苗现象普遍，而小苗、弱苗的生产能力通常只有正常植株的13%～30%,对小苗、弱苗进行偏管作用不大。

三、缺苗断垄严重

玉米属于独秆单穗作物,不能像小麦通过分蘖来调节亩穗数,缺株就意味缺产。造成缺苗断垄的主要原因,一是麦茬高秸杆多,播种质量差,播种深浅不一致;二是种子质量差,发芽率低,新陈种子混在一起;三是苗期病虫为害严重,造成缺苗断垄;四是套种玉米机割机轧现象严重;五是种肥量过大,种肥混在一起有烧种现象。

四、肥料使用不当

一是肥料品种单一,有的地块基本只使用氮肥,不使用磷钾肥。二是使用时期不合理,玉米一生当中施肥一次的占有较大比重。三是使用量不科学,大部分地方肥料投入不足,个别地方(特别是高产区)施肥量过大,造成肥料浪费。

五、播种后不能及时灌溉,轮灌周期较长

许多地方只注重保苗,中后期一般不浇水,"等雨"思想较重。

六、收获时间偏早

生产上一般在9月20日左右收获,夏玉米的籽粒灌浆时间仅35～40天,籽粒成熟度差,千粒重低,籽粒乳线位置仅1/3～1/2,造成一定程度的减产。

第五节　玉米主要病虫害防治技术

一、玉米病害发生与防治

(一)玉米大斑病

1.症状

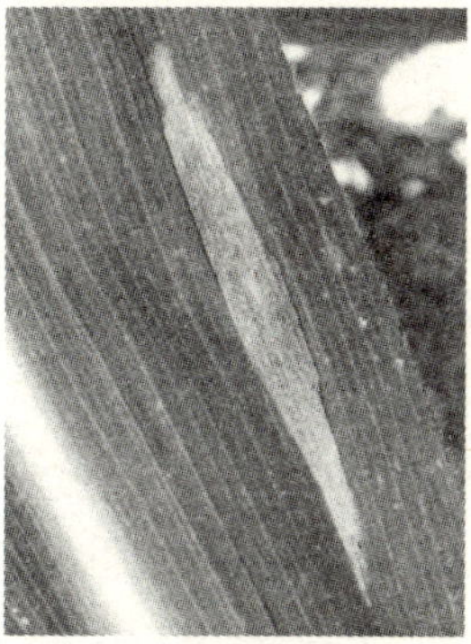

玉米大斑病主要为害玉米叶片，严重时也为害叶鞘和苞叶，先从植株下部叶片开始发病，后向上扩展。病斑长梭形，灰褐色或黄褐色，长5～10厘米，宽1厘米左右，有的病斑更大，严重时叶片枯焦。天气潮湿时，病斑上可密生灰黑色霉层。

2.发病规律

病原菌在田间残留病株上越冬，为翌年发病的初侵染源。条件适宜时，病菌繁殖迅速，产生大量分生孢子，借风力传播。此病流行程度除与玉米品种感病有关外，主要由环境条件(雨水、湿度)决定。

3.防治方法

①选用抗病良种。②合理密植，增施有机肥和磷、钾肥。③发病初期用50%可湿性多菌灵500倍液，或用10%苯醚甲环唑1000倍液，或用80%代森锰锌800～1000倍液，每亩用药液50～75公斤，隔7～10天喷药一次，共防治2～3次。

(二)玉米小斑病

1.症状

自苗期到后期都可发生。自下部叶片开始，出现褐色半透明水渍状小斑，逐渐向上蔓延，以玉米抽穗时最多。病斑扩大后呈黄褐色纺锤形或椭圆形，边缘常有赤褐色晕纹。后期严重时，叶片枯死。潮湿时病斑上产生黑色绒毛状物。

2.发病规律

病原菌主要以菌丝体在病株残体上越冬，菌丝发育适温为28℃～30℃，孢子萌发适温为26℃～32℃。月平均气温25℃以上，降水多，病害易流行。玉米连茬种植，土壤肥力差，播种过迟等易于发病。

3.防治方法

①选用抗病品种。②实行轮作倒茬制度避免玉米连作，秋后深耕土壤，深埋病残体，消灭菌源。在玉米播种前及早处理完秸秆。③加强栽培管理早播早管，增施有机肥，穗期追施氮肥，加强中耕、排水等田间管理，以增强植株抗病力。④药剂防治用50%多菌灵或70%甲基托布津可湿性粉剂500倍液，每亩用50～75公斤，隔7～10天喷一次，共防2～3次。

(三)玉米褐斑病

1.症状

玉米褐斑病主要危害叶片、叶鞘和茎秆，叶片上和叶鞘相连处易发病，病斑初为黄白色小斑，渐变成褐色或紫褐色，小斑点多圆形或椭圆形，常密集成片，引起叶片枯死。发病后期，病斑表皮破裂，散出褐色粉末，叶脉和维管束残存如丝状。

2.发病规律

玉米褐斑病的病菌在土壤中或病残体上越冬。春天，借风雨或其他因素飞散，常于玉米喇叭口内侵害幼嫩组织，再行扩展为害。一般在玉米8～10片叶时易发生病害，玉米12片叶以后一般不会再发生此病害。7、8 月份温度高、湿度大易于发病；密度过大，田间郁蔽，连作地、低洼潮湿地发病较重。

3.防治办法

(1)农业措施

收获后彻底清除病残组织，并深翻土壤，注意排除田间积水，降低湿度。施足底肥，适时追肥，及时中耕除草，促使植株健康生长，以提高抗病力。重病田实行 3 年以上轮作。

(2)药剂防治

①提早预防。在玉米 3～5 片叶期，每亩用 15％的粉锈宁 1000 倍液，或 25％戊唑醇 1500 倍液叶面喷雾，可预防玉米褐斑病的发生；②及时防治。玉米初发病时立即用 25％的粉锈宁(三唑酮)可湿性粉剂 1500 倍液喷洒茎叶，或用防治真菌类药剂进行喷洒。

(四)玉米弯孢菌叶斑病

1.症状

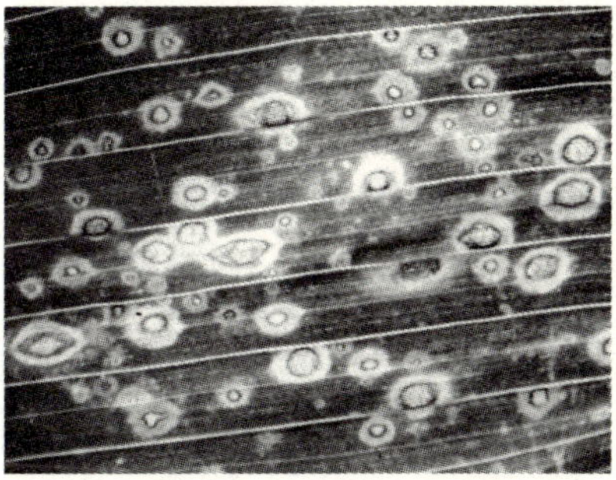

叶部病斑初为水渍状褪绿半透明小点，后扩大为圆形、椭圆形、梭形或长条形病斑，病斑长 2～5 毫米、宽 1～2 毫米，最大的可达 7 毫米×3 毫米。病斑中心灰白色，边缘黄褐色或红褐色，外围有淡黄色晕圈，并具黄褐色相间的断续环纹。病斑中心半透明、透明状。潮湿条件下，病斑正反两面均可产生灰黑色霉状物，即病原菌的分生孢子梗和分生孢子。感病品种叶片密布病斑，病斑结合后叶片枯死。

2.发病规律

病菌以菌丝潜伏于病残体组织中越冬，也能以分生孢子状态越冬，遗落于田间的病叶和秸秆是主要的初侵染源。品种抗病性随植株生长而递减，苗期抗性较强，属于成株期病害，发病高峰期在玉米抽雄后。高温、高湿、降雨较多的年份有利于发病，低洼积水田和连作地块发病较重。

3.防治办法

①清洁田园，玉米收获后及时清理病株和落叶，集中处理或深耕深埋，减少初侵染来源。②选用抗病品种。③化学防治田间发病率达10%时，用25%敌力脱乳油2000倍液，或75%百菌清600倍液，或50%多菌灵500倍液喷雾防治。

(五)玉米黑粉病

1.症状

黑粉病为局部侵染病害。在玉米整个生育期都可发生。玉米的气生根、茎、叶、叶鞘、雌(雄)穗均可受害。病组织肿大成瘤。病瘤表面有白色、淡红色，以后逐渐变为灰白色至褐色的薄膜，最后外膜破裂，散出黑褐色粉末。通常叶片和叶鞘上的瘤较小，直径仅1～2厘米或更小，一般不产生黑粉。茎节上和穗上病瘤较大，直径可达15厘米。一株玉米可产生多个病瘤。雄穗受害部位多长出囊状或角状小瘤，雌穗受害部位多在上半部，仅个别小花受侵产生病瘤，其他仍能结实；全穗受害可成为1个大病瘤。

2.发病规律

病菌以厚垣孢子在土壤中和病株残体上越冬，春季条件适宜时，萌发产生担孢子，随气流传播，陆续引起苗期和成株期发病。孢子萌发适温26℃～30℃。玉米植株密度过大，偏施氮肥，组织伤口处有利于病菌人侵。菌源多、降水多、湿度大，发病较重。在玉米生育期内可进行多次再侵染，在玉米抽穗期蔓延较快，形成发病高峰期，直到玉米老熟后停止侵染。

3.防治办法

①种植抗病品种。因地制宜地选用当地抗病杂交种。②消灭侵染菌源。玉米收获后，秸秆不要在地头堆放，作堆肥时需经腐熟，并及时消除田间内的病残体，以减少越冬菌源。③改进栽培措施。实行轮作倒茬，加强田间管理，及时防治玉米螟，以增强植株抗病能力。此外，在病瘤成熟破裂前及时摘除销毁，减少田间传播为害。

(六)玉米丝黑穗病

1.症状

玉米丝黑穗病只在雌穗和雄穗上表现典型症状。病株果穗短小，不吐花丝，除苞叶外整个果穗变成一个大黑粉包，后期有些苞叶破裂散出黑粉。在雄穗上形成大量黑粉，一般黏结成块，这些黑粉就是病原菌。而玉米瘤黑粉病形成大大小小的灰包，有白色的外皮，内部全部是黑粉，没有丝状组织，灰包从玉米各处长出。

2.发病规律

玉米丝黑穗病属于系统性侵染病害，病原菌主要在土壤中越冬，病菌也可以在粪肥或种子表面存活。种子发芽时，病原菌也随之萌发，侵染幼苗，最后破坏穗部形成黑粉，抽穗以后才表现症状。出苗期干旱低温、出苗慢易于发病。

3.防治办法

①选用抗病自交系品种，种植抗病杂交种。②拔除病株。发现病株，及早拔除，要做到早拔、彻底拔，并带出田外深埋。③农业

措施。重病区实行3年以上轮作，施用净肥，秸秆肥要充分堆沤发酵。深翻土壤，加强水肥管理，增强玉米的抗病性。④药剂拌种。选用15%粉锈宁或羟锈宁可湿性粉剂，或50%甲基托布津粉剂，按种子重量的0.3%～0.5%拌种。

(七)玉米茎腐病(青枯病)

1.症状

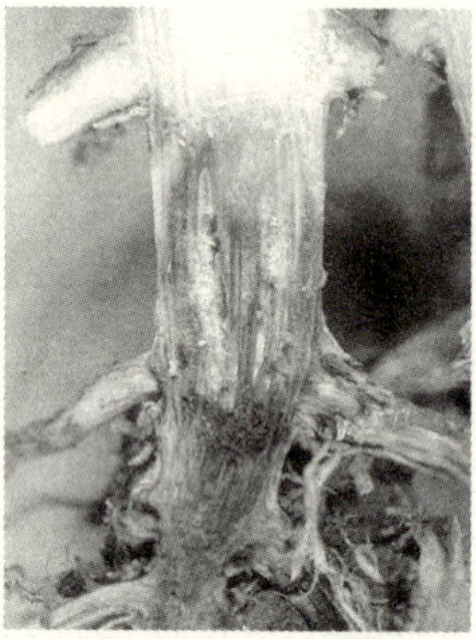

为全株表现症状的病害，玉米乳熟至腊熟期为显症高峰期。一般由下部叶片向上逐渐扩展，呈现青枯状。有的病株在雨后出现急性症状，全株急骤青枯。病株茎基部变软，内部空松，遇风易倒折。剖茎检查，髓部空松，根、茎基部可见到红色病症。

2.发病规律

玉米茎腐病田间以病株残体、病田土壤和种子带菌为初侵染源。越冬病菌在玉米播种后至抽雄吐丝期陆续由根系侵人，在植株体内蔓延扩展。玉米灌浆至成熟期的气候条件，特别是雨量与发病关系密切。高温、高湿有利于发病。

3.防治办法

①加强栽培管理。选用抗病自交系，合理施肥、增施钾肥、合理密植等，以增强玉米的抗病性。田间忌积水。②实行轮作。深翻土地，清除病株残体，秸秆充分发酵后再施用，以减少土壤菌源。

二、玉米主要虫害发生与防治

(一)玉米螟

1.形态特征

成虫黄褐色,体长 10～15 毫米,翅展 22～35 毫米,前翅有 2 条波状横纹,横纹间有 2 个暗斑,后翅色略浅,也有 2 条波状纹。卵扁圆形,长约 1 毫米,由 20～60 粒呈鱼鳞状排列成块,初产卵乳白色,渐变淡黄色、黑褐色。幼虫共 5 龄,老熟幼虫体长约 25 毫米,体背腹面乳白色。蛹纺锤形,红黄褐色,体长 15～18 毫米,腹部末端 5～8 根刺钩。

2.发生规律

以老熟幼虫在寄主秸秆或穗轴内越冬。春季化蛹,羽化。卵产在叶片背面,初龄幼虫有取食卵壳的习性,成虫有趋糖、趋暗、趋湿特性。

3.防治方法

(1)农业措施

在越冬幼虫化蛹。羽化前采用各种方法处理寄主秸秆和穗轴,杀死越冬虫体。也可选用抗虫品种抑制玉米螟的人侵为害。成虫发生期用黑光灯或性诱剂诱杀。

(2)药剂防治

心叶期是防治该虫的关键时期,可用辛硫磷、毒死蜱、敌百虫等颗粒剂或毒土丢心。打苞露雄期用 90%晶体敌百虫 2000 倍液灌药杀死雄穗中的幼虫。穗期用 50%敌敌畏,或 90%晶体敌百虫 800～1000 倍液点滴雌穗。

(二)黏虫

1.形态特征

黏虫是一种玉米作物虫害中常见的主要害虫之一,属鳞翅目,夜蛾科,又名行军虫。幼虫头顶有八字形黑纹,头部褐色黄褐色至红褐色,2～3 龄幼虫黄褐至灰褐色,或带暗红色,4 龄以上的幼虫多是黑色或灰黑色。身上有五条背线,所以又叫五色虫。腹足外侧有黑褐纹,气门上有明显的白线。蛹红褐色。成虫体长 17～20 毫米,淡灰褐色或黄褐色,雄蛾色较深。

2.发生规律

黏虫以幼虫暴食玉米叶片,一年可发生三代,以第二代危害夏玉米为主。二代黏虫 1～2 龄幼虫多隐藏在作物心叶或叶鞘中,昼夜取食,但食量很小,啃食叶肉残留表皮,造成半透明的小条斑。5～6 龄幼虫为暴食阶段,蚕食叶片,啃食穗轴,玉米受害后可造成光杆,甚至缺苗、毁种。

3.防治方法

(1)农业防治

硬茬播种的田块,待玉米出苗后要及时浅耕灭茬,破坏玉米黏虫的栖息环境,降低虫源。

(2)人工捕杀

玉米出苗后,在幼虫取食的早晚人工捏杀幼虫。

(3)药剂喷雾

在黏虫幼虫三龄以前,玉米心叶出现半透明小斑点时用药防治。①亩用 4.5%高效氯氰菊酯 20～30 毫升兑水 30 公斤均匀喷雾;②亩用 25%灭幼脲三号胶悬剂 30～40 克,兑水40～50 公斤喷雾,2～3 天后可将黏虫杀死。

(4)撒施毒土

亩用40%辛硫磷乳油75～100克适量加水，拌砂土40～50公斤扬撒于玉米心叶内，既可保护天敌，又可兼防玉米螟。

(三)二点委夜蛾

1.形态特征

二点委夜蛾属鳞翅目，夜蛾科，委夜蛾属。成虫体长1～1.2厘米，灰褐色或黄褐色，形体近似螟蛾，前翅上有两个黑点，外缘黑点外侧还紧邻一个小白点。实施为害的幼虫1.4～1.8厘米长，黄灰色或黑褐色，重要特征是各体节有一个倒三角形的深褐色斑纹，腹部上两条褐色背线到胸节消失，幼虫受惊缩成“C”字形假死。

2.发生规律

二点委夜蛾是一种暴发性害虫，主要以第二代幼虫为害夏玉米幼苗，玉米二叶以前可咬断嫩茎造成单株死亡，玉米3～6叶期钻蛀嫩茎基部，形成孔洞，造成玉米心叶萎蔫，最后整株枯死，可造成大面积的缺苗断垄。玉米苗期降雨较多，气候湿润，麦田秸杆量较大，适宜二点委夜蛾产卵和幼虫成活。

3.防治方法

二点委夜蛾为害初期，虫龄较低，是化学防治的最佳时期。①及时清除玉米苗周围的麦秸和麦糠，使播种沟裸露，尽量消除二点委夜蛾幼虫隐蔽危害玉米苗茎基部的适生环境。②撒毒饵。当前以撒毒饵防治为主，每棵玉米苗旁抓一小撮，距苗3公分左右放上，且时间一定要在傍晚。

配方一：80%敌敌畏乳油200毫升+48%毒死蜱乳油100毫升+10斤炒香麦麸+3斤碎青叶。加水搅匀，到可握成团。

配方二：90%杀虫单60克+红糖10克+炒麦麸10斤。

第四章 土肥

第一节 土壤质地与墒情简易鉴别

一、土壤质地简易鉴别

种类	特性	鉴别方法	适种作物
砂土	土质松散，不宜板结，保水保肥力差，有机质少，肥力低，耕作容易	用手捻干土，有砂粒感觉，无黏性。湿润时不成土团	棉花、小麦、豆类、花生、山药
砂壤土	含细砂多，粗砂少。保水保肥力中等。对作物发小不发老	干土快易压碎，有砂粒感。湿润时能捏成团，不成条，按压即散碎	高粱、谷子、棉花、小麦、山药、水稻、花生、土豆等
壤土	砂土、黏土各半，保水保肥力较强，土层较厚，肥力较高	与砂壤土不同点，湿时可搓成条或捏成泥球，落地不散，揉搓不黏手，泥饼加压边缘有裂缝	小麦、棉花、玉米、谷子、大豆

续表

种类	特性	鉴别方法	适种作物
黏壤土	含砂量较壤土少，保水保肥力强，透水性较差，对作物发老苗不发小苗	干土块不易压碎，无砂粒感，湿时能搓成长条，有些黏手	小麦、玉米、高粱、水稻、豆类
黏土	土质紧密，透水性差，耕作阻力大	干土块难于压碎，湿润时可搓成长条，加压无裂缝	小麦、水稻、玉米、高粱
盐碱土	含盐量高于0.4%，春、冬有返碱现象，使植株烂根枯死	表土发白，有苦涩感	小麦、高粱、棉花等

二、墒及土壤墒情检测

湿润含水的土壤叫做墒，常用以表示土壤含水量。

(一)目测检测法

土壤墒情一般分成以下四级。

1.黑墒

也称土壤过湿，指含水量最多的土壤，颜色深、用手捏很易成团，扔在地上也不散开，捏后手掌上有湿印，感觉阴凉。黑墒含水量多，因而土壤空气量少，土温也低，春播和秋播虽能全苗，但出苗和幼苗生长都很慢。夏季作物生长快，蒸腾率高、需要大量土壤水时，黑墒最为有利。对耕作来说，黑墒粘塞农具，容易出现犁条、犁块、干后成为坷垃或大土块。播后镇压常把土压僵，干后或成硬壳或结皮，地面纹裂或出现裂缝。一般含水量多在18%～20%之间。

2.黄墒

也称墒情适中，指含水量比黑墒少一些的土壤，颜色较浅，现出土粒本色，一般偏黄，用手捏也能成团，但抛起1米高落地，约有一半散开、手掌上留下不深的水印，稍有凉爽的感觉。黄墒适于耕作和播种。播种后出苗快，幼苗生长也快。但在夏季潜在蒸腾率高作物生长快的期间，只能勉强维持作物生长，生长速度缓慢，在盛夏中午植物每现旱象，特别是在生殖生长期间，不能充分满足作物要求。一般含水量在 15%～18%之间。

3.潮干土

也称缺墒、灰墒、欠墒土壤。土壤含水量比黄墒低，呈现半干半湿的颜色，握在手中已不感阴凉，勉强成团，手指松开稍一触动又散开。春播除高粱、谷等耐旱作物播后加强镇压能全苗外，播种其他作物不易全苗，耕作勉强能进行，夏季只能维持作物不死，生长受阻，中午前后相当长一段时间或于干燥天气，作物出现萎蔫，叶片卷缩或下垂。一般土壤含水量在 10%～15%之间。

4.干土

严重缺墒，指含水少或气干的土壤，黏质土成硬坷垃，砂性土松散成面，颜色浅，白天握在手里燥暖。不能成团。这种墒不宜播种和耕作。如耕层的墒全部如此，作物明显受旱甚至枯萎死亡。土壤含水量一般在 6%～10%之间。

另外，超过黑墒，土壤水过多的情况称“汪水”、土壤过湿。用刀划成缝后，能自行合缝，人畜不能进地，土壤孔隙全部充水。除非地下水位高，汪水不会维持很久。一般含水量大于 22%。

(二)烘干法

1.称量铝盒重量(精确到 0.01)。①

2.将田间取回的土样拣去石块、粗根等杂物并混匀，取 15 克左右，置于铝盒中，称重(精确到 0.01)。②

3.105℃±2℃烘干 6～8 小时，至恒重。

4.取出凉至室温，称重。③

5.计算：土壤含水率$=\dfrac{\text{失水重}}{\text{干土重}}\times 100=\dfrac{②-③}{③-①}\times 100$

(三)酒精燃烧法

1.称量铝盒重量(精确到0.01)。①

2.将田间取回的土样拣去石块、粗根等杂物并混匀,取15克左右,置于铝盒中,称重(精确到0.01)。②

3.倒入6～10毫升酒精,充分拌匀成泥状后点燃,至燃烧将尽时,拨动土样帮助其充分燃烧完。再加5毫升左右酒精重烧一次,土壤呈粒状松散即已烧干。

4.凉至室温后称重。③

5.计算:土壤含水率$=\frac{\text{失水重}}{\text{干土重}}\times100=\frac{②-③}{③-①}\times100$

(四)几种土壤田间持水量

土壤	容重(克/立方厘米)	孔隙率(%)	田间持水量(%)
砂土	1.5	30～35	7～14
壤土	1.4	40～45	23～25
粘土	1.3	40～50	25～30

第二节　主要农作物对土壤酸碱度的适应范围

作物	适宜范围(pH值)	最适范围(pH值)
小麦	6～8	6.2～7.5
玉米	5～8	6.5～7.5
谷子	5～8	6～7.5
白薯	5～8	5.5～6.5
马铃薯	5～7.5	5.5～6.5
大豆	5～8	6.5～7.5
花生	6～8	6.5～7.5
棉花	6.5～8.5	6.5～7.5

第三节　肥料的种类和性质

一、大量元素肥料的种类和性质

<table>
<tr><th colspan="2">大量元素
肥料种类</th><th>性质</th><th>主要化肥种类</th></tr>
<tr><td rowspan="4">氮素
化肥</td><td>铵态氮肥</td><td>氮呈铵离子状态存在，易被土壤胶体吸附和作物吸收利用，不易流失，遇碱性物质极易引起氨(NH_3)的挥发损失；在偏碱性土壤中及通气条件下，则易被微生物转化为硝态氮</td><td>液体氨、氨水、碳酸氢铵、长效碳酸氢铵、硫酸铵、氯化铵</td></tr>
<tr><td>硝态氮
及
硝铵态氮肥</td><td>主要成分含有硝酸根(NO_3^-)的肥料称硝态氮肥，而既含有硝酸根，又含有铵态氮的肥料称硝铵态氮肥</td><td>硝酸钠、硝酸钙、硝酸铵、硝酸铵钙等</td></tr>
<tr><td>酰胺态
氮肥</td><td>是一种化学合成的有机酰胺态氮肥，也是氮肥中含氮量最多、浓度最大的优质氮肥。易溶于水，水溶液呈中性</td><td>尿素</td></tr>
<tr><td>氰氨态
氮肥</td><td>一种强碱性的迟效性氮肥，易吸潮</td><td>石灰氮</td></tr>
</table>

续表 1

大量元素肥料种类		性质		主要化肥种类
磷素化肥	水溶性磷肥	1. 成分能溶于水的磷肥 2.普钙、重钙均不能与碱性物质如石灰氮、草木灰、窑灰钾肥及弱酸性磷肥等混合，否则将降低磷的有效性	磷在土壤中的移动性小，易发生化学固定	过磷酸钙（普钙，P_2O_5含量 12%～20%，一般呈灰白色或浅灰色粉末。还含有磷酸、硫酸等少量游离酸和铁、铝等杂质。具有一定的吸湿性）、重过磷酸钙（重钙，P_2O_5 含量36%～54%，酸性、吸湿性、腐蚀性均高于普钙）、半过磷酸钙、氨化过磷酸钙等
	弱酸溶性磷肥	能溶于 2%的柠檬酸、中性柠檬酸或微碱性柠檬酸铵溶液的磷肥称弱酸溶性磷肥或构溶性磷肥		钙镁磷肥、脱氟磷肥、沉淀磷肥及钢渣磷肥
	难溶性磷肥	既不溶于水，也不溶于弱酸，而只能被强酸所溶解		磷矿粉、骨粉及磷质海鸟粪等

续表2

大量元素肥料种类		性质	主要化肥种类
钾素化肥	硫酸钾	含有效钾(K_2O)48%～52%,多为白色或淡黄色结晶,也有少量的红色硫酸钾。硫酸钾易溶于水,吸湿性小,不易结块,贮运较方便,是化学中性、生理酸性肥料	
	氯化钾	是最主要的钾肥品种,含氧化钾(K_2O)60%左右,易溶于水,颜色大多呈白色或淡黄色,也有略带红色的产品。属化学中性、生理酸性的速效性钾肥	
	窑灰钾肥	是生产水泥的副产品,一般含量在8%左右,高的可达20%以上。除含钾外,还含有钙、镁、硅、磷、铁及其他多种微量元素。窑灰钾肥是一种灰色或褐色粉末,颗粒细小,质地轻,是一种吸湿性很强的碱性肥料,水溶液pH值在9～11,不便包装运输贮存。要避免在空气中暴露,切忌露天淋雨,以防造成养分损失和施用困难	

续表 3

大量元素肥料种类		性质	主要化肥种类
	草木灰	草木灰是农作物秸秆、枯枝落叶等植物残体燃烧后所剩余的灰分，成分复杂，不仅含有磷、钾、钙、镁等大中量元素，而且含有锌、锰等微量元素。其中以含钾、钙数量为多，所以称钾肥。草木灰成分因其燃料不同而差别很大，一般木本植物的灰分中，钙、钾、磷较多，草本植物中含硅较多，钙、钾、磷较少，同一植物中幼嫩组织部分的灰分含钾、磷较多，而衰老组织中含钙、硅较多	
	生物钾肥		硅酸盐细菌肥料

二、中量元素肥料的种类与性质

中量元素肥料种类	性质	主要化肥种类	
钙肥		主要品种是石灰类肥料，包括生石灰、熟石灰、碳酸石灰及含钙的工业废渣等	
硫肥	硫是作物生长所必需的营养元素	作为氮、磷、钾、镁、铁肥的副成分	硫酸铵、普钙、硫酸钾、硫酸镁及硫酸亚铁等
		专作硫肥	硫磺、石膏（分为生石膏、熟石膏及含磷石膏）

续表

中量元素肥料种类	性质	主要化肥种类	
镁肥		水溶性镁肥	硫酸镁、氯化镁、碳酸镁、硝酸镁、氧化镁、硫酸镁钾等
		弱水溶性镁肥	白云石、蛇纹石、磷酸镁、光卤石、磷酸镁铵

三、微量元素肥料的种类与性质

微量元素是指作物正常生长需要量虽小但所必须的营养元素。硼、锰、铜、铁、锌、钼、氯等元素为植物必需的微量营养元素。

微量元素肥料的种类与性质

微量元素肥种类	主要化肥种类	性质
锌肥	硫酸锌(常用的主要有一水硫酸锌和七水硫酸锌，含量分别为23%和35%，均为无色或白色结晶)、氯化锌及螯合态锌	水溶性锌肥
	碳酸锌、氧化锌、硫化锌及含锌工业废渣等	难溶性锌肥
硼肥	硼砂	含硼 11%，易溶于 40℃ 的热水
	硼酸(H_3BO_3)	含硼 17%，易溶于水，呈弱酸性

续表 1

微量元素肥种类	主要化肥种类		性质
	硼泥		主要成分为硼、锰、钙等元素，含硼量很低，为 0.5%～2%，呈碱性，是硼砂、硼酸工业的废渣，部分溶于水
	含硼玻璃肥料		难溶于水，含硼 2%～6%。此外，还有含硼的大、中量元素肥料
	含硼的大、中量元素肥料含硼过磷酸钙、含硼硝酸钙、含硼碳酸钙、含硼石膏、硼镁肥等		
锰肥	硫酸锰	七水硫酸锰（有效锰含量为 24%～28%）	易溶于水
		三水硫酸锰（$MnSO_4 \cdot 3H_2O$）有效锰含量为 26%～28%	
	氯化锰（$MnCl_2$）		有效锰含量 17%，浅粉红色结晶，易溶于水，有吸水性
钼肥	钼酸铵、钼酸钠、三氧化钼、含钼过磷酸钙、钼渣等		常用的主要是钼酸铵，有效钼的含量为 54%，无色微绿结晶，易溶于水
铁肥	硫酸亚铁		主要成分 $FeSO_4 \cdot 7H_2O$，含铁量 19%～20%，易溶于水，浅蓝绿色细结晶，在空气中易被氧化
	硫酸亚铁铵		含铁 14%，呈淡青色结晶，易溶于水
	螯合态铁		

续表 2

<table>
<tr><th>微量元素肥种类</th><th colspan="2">主要化肥种类</th><th>性质</th></tr>
<tr><td rowspan="4">铜肥</td><td rowspan="2">硫酸铜（常用）</td><td>一水硫酸铜（$CuSO_4 \cdot H_2O$），有效铜含量为 35%</td><td rowspan="2">蓝色晶体、易溶于水</td></tr>
<tr><td>五水硫酸铜（$CuSO_4 \cdot 5H_2O$），有效铜含量为 25%</td></tr>
<tr><td colspan="2">碱式硫酸铜</td><td></td></tr>
<tr><td colspan="2">硫铁矿渣</td><td></td></tr>
</table>

四、复合肥(复混肥)

国家标准规定,复混肥(复合肥)有效养分含量,高浓度氮磷钾总量≥40%,低浓度氮磷钾含量≥25%,不包括微量元素和中量元素;水溶性磷含量≥40%,水分子含量低于 5%;粒径为 1～4.75 毫米等。此外,复合肥中的钾有两种,一种为氯化钾,另一种为硫酸钾。氯化钾含有氯,对忌氯作物不宜施用。凡复合肥料袋上标“含氯”符号者其钾皆为氯化钾,忌氯作物如葡萄、马铃薯、烟草、甜菜等千万不能施用。

第四节　各种肥料的氮磷钾含量表

有机肥的氮磷钾含量表

种类	N(%)	P_2O_5(%)	K_2O(%)
小麦秸	0.48	0.22	0.63
玉米秸	0.48	0.38	0.64

续表

种类	N(%)	P_2O_5(%)	K_2O(%)
玉米秸堆肥	1.72	1.1	1.16
鸡粪	1.63	1.54	0.85
鸭粪	1	1.4	0.6
羊粪	0.65	0.47	0.23
牛粪	0.32	0.21	0.16
牛厩肥	0.38	0.18	0.45
猪粪	0.48	0.27	0.43
草木灰		2	4

常用化肥养分含量表

种类	N(%)	P_2O_5(%)	K_2O(%)
硫酸铵	21		
硝酸铵	34		
氯化铵	24～25		
硝酸钾	13.5		45
尿素	46		
碳酸铵	17.5		
氯化钾			50～60
硫酸钾			18～50
过磷酸钙		12～20	
磷酸二铵	18	46	
三料过磷酸钙		36～54	

第五节　各种肥料混合施用原则

堆肥或厩肥									
人粪尿	√								
草木灰或石灰	×	×							
硫酸铵	○	○	×						
硝酸铵	○	○	×	○					
尿素	○	×	×	○	×				
碳酸氢铵或氨水	√	○	×	○	×	○			
过磷酸钙	√	√	×	√	○	○	√		
磷矿粉	√	×	○	○	○	○	○	○	
	堆肥或厩肥	人粪尿	草木灰或石灰	硫酸铵	硝酸铵	尿素	碳酸氢铵或氨水	过磷酸钙	磷矿粉
注明：√代表可以混合；○代表混合后就要使用，不要久放；×代表不能混合									

第六节　真假化肥鉴别

一、包装鉴别

国家有关部门规定肥料产品包装应标明产品名称、生产企业名称和地址，标明肥料登记证号、产品标准号、生产许可证证号、有效成分名称和含量、净重、等级、商标、生产日期及质量保证期。

二、颜色鉴别

各种肥料都有其特殊的颜色，可据此大体判断肥料的真假。除石灰氮外的氮肥，几乎全部呈白色，有些略带黄褐色或淡蓝色；钾肥白色，有的带红色；磷酸二氢钾呈白色。钙镁磷肥、窑灰钾肥为灰色粉末状，过磷酸钙为灰色，且有多孔结块。磷酸二铵为褐色，半透明。

三、气味鉴别

一些肥料有刺鼻的氨味或有强烈的酸味，可根据特殊的气味来判断。如：碳酸氢铵有强烈的氨味，硫酸铵略有酸味，石灰氮有电石气味，过磷酸钙有酸味。

四、结晶状况鉴别

氮肥除石灰氮外多为结晶体，钾肥为结晶体，磷肥多为块状或粉末状的非晶体。

五、水溶解鉴别

取化肥 1 克，放于干净的玻璃管（或玻璃杯，白瓷碗中），加入 10 毫克蒸馏水（或干净的凉开水），充分摇动，看其溶解的情况，全部溶解的是氮肥或钾肥，溶于水但有残渣的是过磷酸钙；溶于水无残渣或残渣很少的是重过磷酸钙；溶于水但有较大氨味的是碳酸氢铵；不溶于水，但有气泡产生并有电石氯味的是石灰氮。

六、灼烧鉴别

取少许化肥放在薄铁方或小刀片上加热或直接放在烧红的木炭上，仔细观察。①碳酸氢铵：直接分解，产生大量白烟，有强烈的氨味，无残留物。②氯化铵：直接分解或升华，产生大量白烟，有强烈的氨味和盐酸味，无残留物。③尿素：加热能迅速熔化、冒白烟，投入炭火中能燃烧，或取一玻璃片接触白烟时，能见玻璃片上附有一层白色结晶物。④硝酸铵：逐渐熔化，并出现沸腾状，冒白烟，投入炭火中能燃烧，有氨味。⑤硝酸钙：熔化并燃烧，发出亮光，残留白色的石灰。⑥硝酸钠：燃烧并发出咝咝声，火焰呈橘黄色，有灰色残留物。⑦磷肥：过磷酸钙、钙镁磷肥、磷矿粉等在红木炭上无变化；骨粉在红木炭上迅速变黑，并放出焦臭味。⑧钾肥：硫酸钾、氯化钾等在红木炭上无变化，发出噼叭声。⑨复混肥料：在红木炭上的现象差异很大，与其构成原料密切相关，当其原料中有铵态或酰胺态氮时，会放出强烈的氨臭味，并有大量残渣遗留；磷酸铵类肥料能在红木炭上熔化发烟，并有氨味。

应注意，有些肥料虽是真的，但含量很低，如过磷酸钙，有效磷含量低于8%(最低标准应达12%)，则属于劣质化肥，对作物肥效不大。如果遇到这种情况，可采集一些样品(500克左右)，送到当地有关农业、化工或标准部门进行鉴定。

第七节　肥料的保管

保管肥料应做到“六防”：

1.防止混放

化肥混放在一起，容易使理化性状变差。如过磷酸钙遇到硝酸铵，会增加吸湿性，造成施用不便。

2.防标志名不副实

有的农户使用复混肥袋装尿素，有的用尿素袋装复混肥或硫酸铵，还有的用进口复合肥袋装专用肥，这样在使用过程中很容易出现差错。

3.防破袋包装

如硝态氮肥料吸湿性强，吸水后会化为浆状物，甚至呈液体，应密封贮存，一般用缸等陶瓷容器存放，严密加盖。

4.防火

特别是硝酸铵、硝酸钾等硝态氮肥，遇高温会分解出氧，遇明火就会发生燃烧或爆炸。

5.防腐蚀

过磷酸钙中含有游离酸，碳酸氢铵则呈碱性，这类化肥不要与金属容器或磅称等接触，以免受到腐蚀。

6.防肥料与种子混存

特别是挥发性强的碳酸氢铵、氨水与种子混放会影响发芽，应予以充分注意。

第八节　肥料纯量与实物的转换

一、常用肥料的含量

种类		含量
氮肥（以纯氮含量计）	尿素	46%
	碳酸氢铵（碳铵）	17%
	硝酸铵	34%

续表

种类		含量
氮肥(以 N 含量计)	硫酸铵	21%
	氨水	17%
	氯化铵	23%
	石灰氮	20%~22%
磷肥(以 P_2O_5 计)	过磷酸钙	12%~20%
	重过磷酸钙	36%~54%
	钙镁磷肥	14%~20%
钾肥(以 K_2O 含量计)	硫酸钾	48%~52%
	氯化钾	60%
复合肥	磷酸二铵	含 16%~18% 纯氮(N),含 46%~48% 五氧化二磷(P_2O_5)
	磷酸一铵	含 11%~13% 纯氮(N),含 51%~53% 的五氧化二磷(P_2O_5)
	硝酸钾	含 13% 纯氮(N),含 44% 氧化钾(P_2O)

注:每个肥料包装上都标明养分含量,否则为不合格产品。顺序为纯氮—五氧化二磷—氧化钾。如 16—14—10 含义为该肥料含纯氮 16%,含五氧化二磷 14%,含氧化钾 10%。

二、纯量与实物转换

纯量=实物量×养分含量

化肥实物量=纯量÷肥料养分含量

例 1:一袋尿素 50 公斤,尿素含氮 46%,问其中含有纯氮多少公斤?

计算如下:

根据公式 纯量=实物量×养分含量

50×46%=23(公斤)

例 2:施肥配方建议小麦亩施 P_2O_5 6 公斤,需要施用 12%过磷酸钙多少公斤?

计算如下:

根据公式 化肥实物量=纯量/肥料养分含量

过磷酸钙用量 6÷12%=50(公斤)

第九节 单位作物产量与养分吸收量

主要农作物百公斤产量吸收氮磷钾的数量

作物名称	N(公斤/亩)	P_2O_5(公斤/亩)	K_2O(公斤/亩)	备注
小麦	3	1～1.5	3	籽实
玉米	2.5～3.9	1.4～1.8	4	籽实
谷子	4.7	1.7	5.7	籽实
甘薯	0.35	0.18	0.55	块根(鲜)
花生	5.5	1	3	花生果
棉花	4.6	1.6	4.8	籽棉

第十节　作物缺素症状

一、小麦主要缺素症状

所缺元素	症状
缺氮	植株矮小，茎段短而纤细，叶片稀少，叶色发黄，分蘖少而不成穗，主茎穗亦短小
缺磷	出苗后延迟或不长次生根，植株矮瘦，生长迟缓。叶色暗绿，叶尖紫红色，叶鞘发紫，不分蘖或少分蘖，抽穗成熟延迟，穗小粒少
缺钾	新叶呈蓝绿色，叶质柔软并卷曲，老叶由黄渐渐变成棕色以致枯死，呈烧焦状。茎秆短而细弱，易倒伏、分蘖不规则，成穗少，籽粒不饱满
缺钼	首先发生在叶片前部褪色变淡，接着沿叶脉平行出现细小的黄白色斑点，并逐渐形成片状，最后使叶片前部干枯，严重的整叶干枯
缺锰	小麦缺锰症状与缺钼症状类似，不同的是缺锰时，病斑发生在叶片中部，病叶干枯后使叶片卷曲或折断下垂，而叶前部基本完好
缺硼	分蘖不正常，有时不出穗或只开花不结实
缺铁	缺铁的植株上部叶片黄化，下部叶片仍呈绿色。严重缺铁时，叶脉也缺绿，全叶黄白色，甚至全株黄叶。随着时间的推移，叶片上出现褐斑或黑斑，叶缘呈褐色、焦边

二、玉米主要缺素状症

每100公斤玉米籽粒大致需要从土壤中吸收纯N 2.5～4公斤，P_2O_5 1.1～1.4公斤，K_2O 3.2～5.5公斤，其比例为1∶0.4∶1.3。从石家庄市土壤普查资料来看，绝大部分土壤供肥能力不能满足玉米整个生育期的需要，以致出现不同的缺素症，可通过追肥或叶面喷肥进行防治。

玉米主要缺素症状

所缺元素	症状
缺氮	玉米苗期缺氮时生长缓慢，矮瘦，叶色黄绿，抽雄迟。生长盛期缺氮，老叶从叶尖沿着中脉向叶片基部枯黄，枯黄部分呈“V”型，叶缘仍保持绿色而略卷曲，最后呈焦灼状而死亡
缺磷	缺磷的主要症状是根系发育差，苗期生长缓慢，5 叶期后明显出现缺磷症状，叶片呈紫红色，叶尖紫色，叶缘卷曲，并且缺磷还会使花丝抽出速度慢，造成雌花、雄花不育，影响授粉，并且果穗卷缩，穗行不齐，籽粒不饱满，常出现秃顶现象，成熟延迟
缺钾	玉米缺钾时，根系发育不良，植株生长缓慢，叶色淡绿且有黄绿色条纹，严重时叶缘和叶尖呈现紫色，随后干枯呈灼烧状，叶的中间部分仍可保持绿色，叶片却逐渐变皱，这些现象多表现在下部老叶上。植株表现为瘦弱，易感病，易倒折，果穗发育不良，秃顶严重，籽粒中淀粉含量少
缺锌	玉米严重缺锌会出现花白苗。其主要特征是在玉米 3～5 叶期，白色幼苗开始显现，瓣生的幼叶呈淡黄色至白色，特别是叶基部 2/3 处更为明显，严重时，幼苗老龄叶出现细小的白色斑点，并迅速扩大，形成局部的白色区域或坏死斑块，叶肉坏死，叶面半透明，似白绸或塑料膜，风吹易断
缺硼	玉米缺硼表现为根系不发达，植株矮小，上部叶片脉间组织变薄，呈白色透明的条纹状，叶薄、发白，甚至枯死；生长点受到抑制，雄穗抽不出来，雄花显著退化变小，以至萎缩，果穗退化畸形，顶端籽粒空瘪
缺锰	从叶尖到基部沿叶脉间出现与叶脉平行的黄绿色条纹，叶片柔软下披，根纤细、长而白

第五章　蔬菜

第一节　蔬菜生产设施建造

一、越冬型高效节能日光温室

越冬型高效节能日光温室是指保温性好、能进行喜温性蔬菜越冬生产的温室。这类温室的墙体多为土墙，其突出优点是可进行番茄、黄瓜、茄子、辣椒等喜温类蔬菜的越冬生产。建造原则：一是合理采光原则，根据地理位置和气候差异，按照合理采光理论，确定适宜的温室高跨比参数；二是节省土地原则，在确保墙体蓄热保温性能最大化的基础上，减少墙体厚度，提高土地利用率；三是稳定抗灾高效原则，采用优质骨架材料和施工工艺，减少下挖或不下挖，确保温室结构稳固性和抗灾能力，节约成本，提高收益；四是选用防雾流滴塑料膜、保温被等高性能保温覆盖物，并进行多层覆盖，增强保温效果。

建造参数：

1.走向及下挖深度

温室建造应坐北朝南，东西延长，长度60～100米；为利于防寒保温，棚室栽培床可下挖0.5米左右，但必须建有配套的防洪排涝系统。在地下水位高、无良好排水系统以及盐碱严重的地区，栽培床杜绝下挖，土墙主要采用客土建造，禁止为取土建造土墙而整体下挖。

2.跨度和脊高

冀北地区，温室内跨度宜在7.5～8米，脊高3～4米；冀中南地区，温室内跨度9～10米，脊高3.6～5米；冀东唐秦沿海地区，温室内跨度8～9米，脊高3.3～4.5米。用于育苗的温室一般设置加温设备，并适当增大高度，以提高光温性能和操作空间。不同骨架温室的高度以及相应的跨度指标参考下表，栽培床下挖的温室应选择该跨度相应的脊高上限值，原则上要保证骨架牢固、棚面不易积水。

3.前后排温室间距

前排温室（加草苫以后）最高点的水平投影，与后排温室前缘的距离，以不低于最高点高度的2.2～2.5倍为宜，中南部取下限，北部取上限。

4.墙体与厚度

一般为当地冻土层厚度的3倍左右。冀北、冀东唐秦沿海地区，土墙上宽2～2.5米，下宽4.5～5米；冀中南地区，土墙上宽1.5～2米，下宽3.5～4.5米。在确保墙体蓄热保温性能和稳固性的基础上，尽量减少墙体占地、增大种植面积，提高土地利用率。温室土墙外部应有毛毡、薄膜等防雨保护层。使用具有一定黏性的土壤或草泥建造土墙温室，并保证土墙碾压质量。

5.后坡

后坡具有一定的蓄热保温作用。建议在冬季寒冷的冀北地区，后坡水平投影长度为0.8～1.2米。

6.温室骨架

宜采用全钢骨架或钢竹混合骨架，设钢管拉杆或钢丝横向固定。还可选用优质钢筋水泥预制骨架,增强温室抗灾能力。无论是钢结构还是水泥结构的骨架,在后坡、脊高处必须加设1～2排立柱,还可设置可移动的立柱,以增强温室的承载能力。

7.排水系统

前后两排温室之间及棚区道路两侧应建有排水沟。按照当地10年一遇的降雨量,科学设计排水沟的宽度和深度以及各级排水沟的间距,防止雨季田间积水、损毁棚室。

越冬型高效节能日光温室主要结构参数表(单位:米)

结构参数＼地区		冀中南		备注
下挖深度		不下挖或0.5		
内部跨度		9	10	
脊高	钢竹混合骨架	3.6～3.8	3.8～4.1	设4～6排立柱
	钢架	4.3～4.5	4.8～5	设1～2排立柱
后墙内高		3.3～3.7		
土墙厚度	上宽	1.5～2		
	下宽	3.5～4.5		

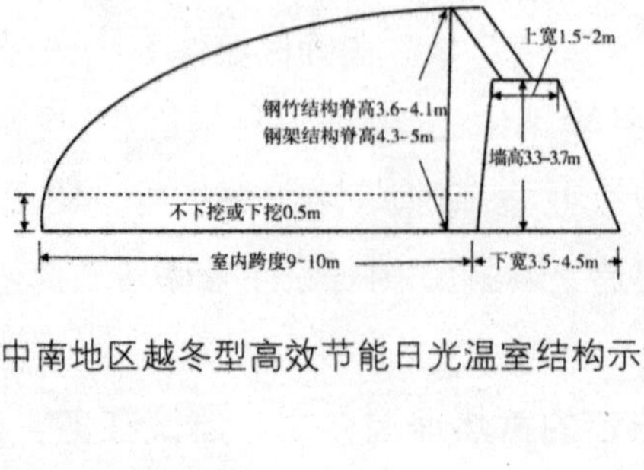

冀中南地区越冬型高效节能日光温室结构示意图

二、春秋型日光温室

春秋型日光温室是指以砖墙或薄土墙等为墙体建造的日光温

室，这类温室一般不能进行喜温性蔬菜越冬生产，而以春季和秋季生产番茄、黄瓜、茄子、辣椒等喜温类蔬菜为主，在冬季还可生产西芹、香芹、韭菜、洋葱以及甘蓝、生菜、茼蒿、菠菜等耐寒性和半耐寒性蔬菜。

建造参数：

除墙体外，春秋型砖墙日光温室的跨度、脊高等结构参数与越冬型高效节能日光温室基本一致。砖墙温室墙体厚度 37～60 厘米，加聚丙板保温层，并可在墙外侧培土，以提高保温效果。春秋型温室一般选用全钢架或水泥钢筋预制骨架。除冀北地区外，也可采用薄土墙日光温室，土墙墙体厚度 50～80 厘米，跨度 7 米左右，脊高约 2.5 米，可采用无后坡设计，进行越冬耐寒叶菜类蔬菜的生产。

砖墙温室稳固性较好，抗灾能力强，因此如果条件允许和符合生产要求，尽可能选用砖墙温室。冀北寒冷地区不提倡建造春秋型日光温室。

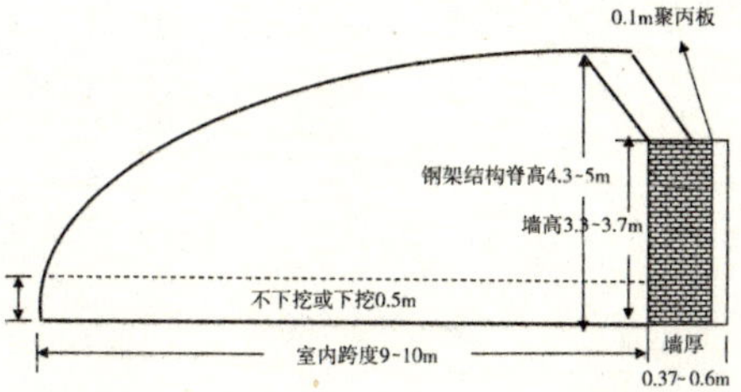

冀中南地区春秋型砖墙日光温室结构示意图

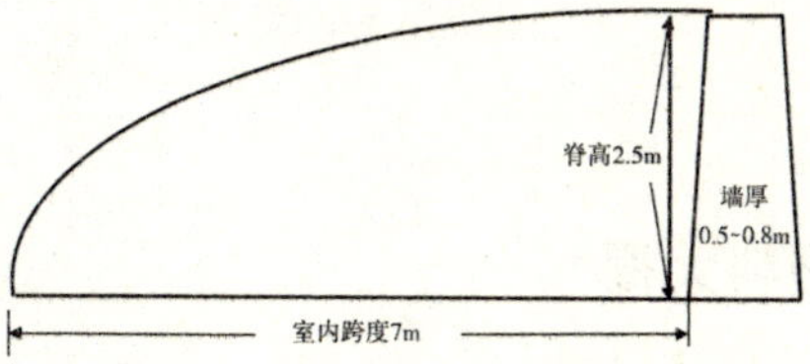

冀中南地区春秋型薄土墙温室结构示意图

三、单拱塑料大棚

单拱塑料大棚指由一个拱栋构成的塑料大棚，一般简称塑料大拱棚。这种大棚在冀北地区可种植一茬番茄、辣椒、茄子等喜温蔬菜，其他地区可种植春秋两茬番茄、辣椒、茄子等喜温蔬菜。建造原则：采用合理结构参数，应用坚固骨架材料，保持棚室稳定性，提高抗大风、暴雨等灾害性天气能力。早春可采取多层覆盖等措施，提高棚内温度，实现提早定植和收获上市。夏季应合理设置顶风、腰风等放风口，采用遮阳网覆盖，实现棚内温湿度可调控，最大限度减少病害发生。

建造参数：

单栋塑料大棚宜南北延长建造，跨度一般 8～12 米。长度根据地块而定，一般 60～100 米。脊高一般 2.5～3.5 米，最高不超过 3.9 米，肩高 1.5 米左右。骨架可选择镀锌钢管片架或钢架竹竿混合骨架或钢筋水泥预制骨架，骨架间距 1.2～3 米，用拉杆连接固定，11 米以上需增加立柱支撑。

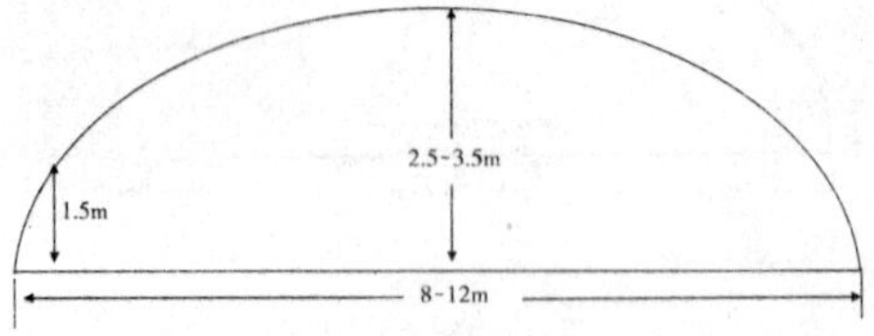

单拱塑料大棚示意图

四、连栋塑料大棚

连栋塑料大棚指 2 拱或 2 拱以上的塑料大棚，包括青县的超大拱棚。这种大棚棚体大，蓄热保温性能好，可有效节约建筑材料、降低建造成本，土地利用率高，早春季节采用多层幕覆盖，提早上市。建造原则：以增强棚架抗雨雪荷载能力为重点，优化通风排湿性能，最大限度解决连栋塑料大棚荷载低、通风差、湿度高等问题，有效降低病虫害发生，提高抗强风、暴雨等灾害性天气能力。

建造参数：

应南北延长建造，长度根据地块而定，一般 60～100 米，单拱跨度 6.5～7 米，脊高 3～3.5 米，肩高 2 米左右，拱间设天沟进行排水或收集雨水，顶部和四周设风口进行排湿降温。青县的超大拱棚总跨度一般在 20～30 米，脊高 2.6～3 米，肩高 2 米左右，长度随地块而定。拱架可为全钢、全竹木或竹木钢架混合材料，拱架间距 3 米左右，应配置两层拉杆进行多层幕覆盖，根据骨架材料设置不同材料和数量的立柱，钢架连栋大棚立柱间距 3～4 米，竹木连栋大棚立柱间距 1.3～2 米。

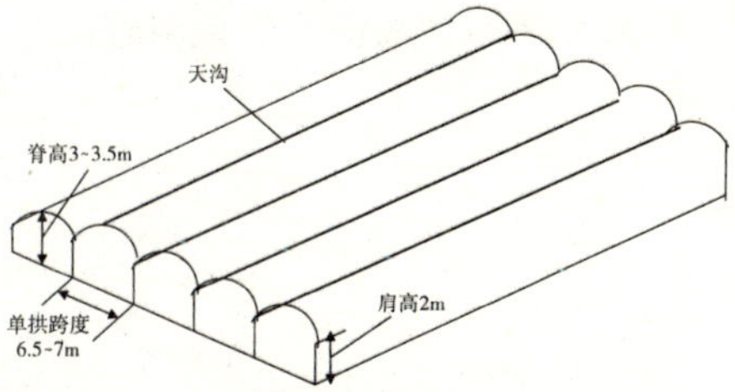

连栋塑料大棚示意图

五、改良塑料大棚

改良塑料大棚是通过对塑料大拱棚进行结构优化和改进，增加覆盖物保温，提高了生产性能，从而使设施使用时间进一步提早和延后，有效提高了设施及土地利用率。改良塑料大棚主要有双向卷帘大棚和单向卷帘大棚两种。双向卷帘大棚是在大拱棚上覆盖草苫或保温被并配置卷帘机进行双向机械卷帘的大棚,单向卷帘大棚是在深冬或早春季节以保温被或草苫等覆盖材料临时作为简易墙体保温,并配置卷帘机进行单向机械卷帘的大棚。通过增加覆盖物,大大提高了大拱棚的保温性能,性能类似于简易日光温室,除冀北地区外,其他地区均可进行春提前、秋延后茄果类蔬菜和越冬根叶类蔬菜生产。建造原则:改进结构参数,规范施工建造,应用新型材料,进一步提高保温性能,增强抗大风、暴雨雪等灾害性天气能力,提高种植效益。

建造参数:

双向卷帘大棚建造方位一般南北延长,跨度一般在 13～15 米,脊高 2.2～2.5 米,肩高 1.2～1.5 米,骨架为全钢架或钢架竹木材料,骨架间距 1 米左右,设有 4～6 排立柱。单向卷帘大棚建造方位东西延长,大棚北侧弧度加大,形似温室后墙,冬春季节以秸秆、草苫、保温被等覆盖物作为临时墙体,跨度一般在 8～10 米,脊高一般在 2～3 米,下挖 0.3～0.5 米保温效果更好。

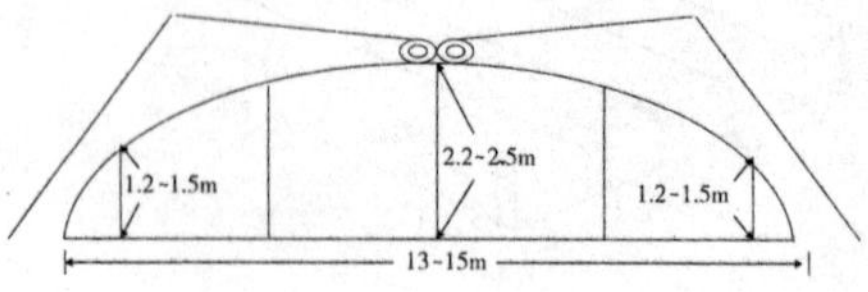

双向卷帘大棚示意图

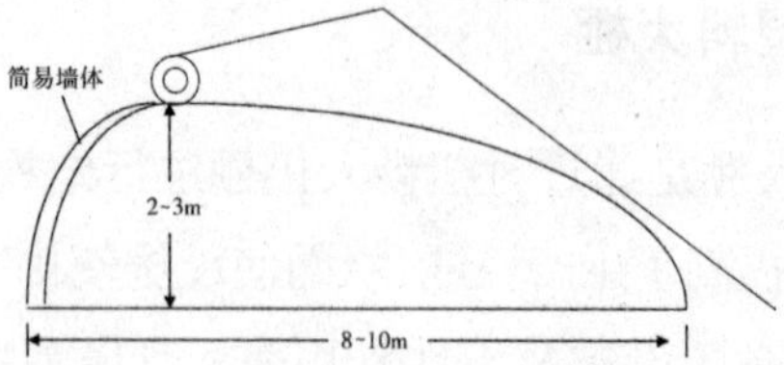

单向卷帘大棚示意图

第二节 蔬菜生产对环境条件的要求

一、主要蔬菜不同生长阶段的温度要求

蔬菜适温类型	种类	种子发芽温度（℃）			营养生长温度（℃）			食用器官生育温度（℃）			食用器官	忍耐最低温度（℃）
		最低	最适	最高	最低	最适	最高	最低	最适	最高		
耐寒蔬菜	大葱	3～5	18～20	30	6～10	18～24	30	6～10	18～24	30	全株	—10
	韭菜	2～3	15～18	30	6	12～24	40	6	12～24	35	叶部	—6～—8
	大蒜	3～5	12～16	—	3～5	12～16	28	—	15～20	28	蒜头	—6～—7
	菠菜	4	15～20	35	6～8	15～20	25	6～8	15～20	25	叶部	—6～—8
	洋葱	3～5	15～20	30	6	12～20	25	—	20～23	25	鳞茎	—1～—7
半耐寒蔬菜	白菜	4～5	20～25	40	4～5	18～20	25	4～5	18～20	25	叶部	—2～—5
	甘蓝	2～3	15～20	35	4～5	13～18	25	5～10	15～20	25	叶球	—1～—3
	花椰菜	2～3	15～25	35	4～5	17～20	25	6～10	15～18	25	花球	—2～—3
	青花菜	2～3	15～25	35	4～5	20～22	25	10	15～20	25	花球	—

续表 1

蔬菜适温类型	种类	种子发芽温度（℃）			营养生长温度（℃）			食用器官生育温度（℃）			食用器官	忍耐最低温度（℃）
		最低	最适	最高	最低	最适	最高	最低	最适	最高		
半耐寒蔬菜	抱子甘蓝	2～3	15～25	35	4～5	18～22	25	5	12～15	25	叶球	－3～－4
	芹菜	2～3	15～25	30	10	15～20	30	10	15～20	26	叶柄	－4～－5
	莴笋	4～5	15～28	30	5～10	11～18	24	—	15～18	25	茎	－3～－4
	茼蒿	10	15～20	35	12	15～20	29	—	15～20	—	茎叶	—
	萝卜	2～3	20～25	35	5	15～20	25	6	13～18	24	直根	0～－2
	胡萝卜	4～6	20～25	30	3～4	23～25	30	9	18～22	27	直根	－1～－3
	马铃薯	5～7	14～18	30	7	18～21	25	—	16～18	29	块茎	－1～－2
喜温蔬菜	番茄	12	25～30	35	8～10	20～30	35	15	25～28	32	果实	0～－1
	茄子	13～15	28～35	35	12～15	22～30	35	15～17	22～30	35	果实	0～1
	辣椒	10～15	25～32	35	12～15	22～28	35	15	22～28	35	果实	0～1
	黄瓜	12～13	25～30	35	10～12	20～25	35～40	18～21	25～30	38	果实	2～3
	芸豆	10	20～25	35	10	18～25	35	15	20～25	30	荚果	2～3

续表 2

蔬菜适温类型	种类	种子发芽温度（℃）			营养生长温度（℃）			食用器官生育温度（℃）			食用器官	忍耐最低温度（℃）
		最低	最适	最高	最低	最适	最高	最低	最适	最高		
耐热蔬菜	南瓜	13	25～30	35	15	20～25	40	15	25～27	35	果实	4～5
	西葫芦	13	25～30	35	14	15～25	40	15	22～25	32	果实	1～2
	西瓜	16～17	28～30	38	10	22～28	40	20	30～35	40	果实	—
	甜瓜	15	30	35	13	20～30	40	15～18	27～30	38	果实	—
	冬瓜	15	25～30	40	12	20～25	35	15	25	35	果实	—
	瓠瓜	15	30～35	40	13～15	20～25	40	—	20～25	35	果实	—
	丝瓜	15	30～35	40	13～15	20～30	40	—	25～35	—	果实	—
	苦瓜	15	30～35	40	10～15	20～30	40	15	20～30	—	果实	—
	豇豆	10～12	25～30	—	10	20～30	40	15	25～28	35	荚果	—

二、主要蔬菜种子出土时对温度的要求(干种子直播)

蔬菜种子	出土温度极限(℃)		适温范围(℃)	出土情况		积温(℃)
	最低	最高		所需天数(天)	出土率(%)	
番茄	20	35	20～25	6～10	50～70	175±25
菜豆	20	35	20～25	6～10	50～70	175±25
豇豆	20	40	30	4	70	127
甜椒	20	35	25	9～11　10～14	50～70	250±25　300±50
辣椒	20	35	25	9～11　10～14	50～70	250±25　300±50
茄子	20	35	25	9～11　10～14	50～70	250±25　300±50
黄瓜	20	35	25～30	5～7	50	160±10
白菜、萝卜	11	35	16～20	5～10	70	100～110
甘蓝、花椰菜	16	30	16～20	5～10	70	140±160
菊科蔬菜	16	25	—	—	—	150—160
伞形科蔬菜	16	25	20	9～13	50	200±40
韭菜	16	30	20	9～13	50	300

三、主要蔬菜作物种子发芽对光质条件要求

蔬菜种类	发芽需要光质条件	
	可见光	黑暗
白菜类	√	√
甘蓝类	√	√
豆类	√	√
茄果类	√	√
黄瓜	√	√
西瓜	√	√
菠菜	√	√
南瓜	×	√
瓠瓜	×	√
苋菜(在 25℃以下)	×	√
葱	×	√
韭菜	×	√
萝卜	×	√
莴苣	√	×
紫苏	√	×
芹菜	√	×
胡萝卜	√	×

√为发芽需要光质条件；×为发芽不需要光质条件。

四、蔬菜对地温的要求

地温可直接影响蔬菜根系的形成和生长，进而影响蔬菜根系对养分、水分的吸收以及根系代谢，最终影响蔬菜生长发育。地温于气温在一定范围内具有互补性。

各类蔬菜的适宜地温范围

蔬菜适温类型	主要蔬菜作物种类	适宜地温范围(℃)		
		最低	最适	最高
耐寒蔬菜	大葱、韭菜、大蒜、洋葱、豌豆	3～－5	15～－18	23
半耐寒蔬菜	白菜、甘蓝、花椰菜、青花菜、苤蓝、抱子甘蓝、芹菜、叶用莴苣、莴笋、茼蒿、萝卜、胡萝卜、蔓菁、甜菜、马铃薯	5～－8	15～－20	23
喜温蔬菜	番茄、茄子、辣椒、黄瓜、芸豆	13	18～－20	25
耐热蔬菜	南瓜、西葫芦、西瓜、甜瓜、冬瓜、越瓜、瓠瓜、丝瓜、苦瓜、豇豆	13	15～－20	25

五、蔬菜湿度要求

蔬菜名称	相对湿度
黄瓜、芹菜、蒜黄	85%
茄子、莴苣	75%
青椒、辣椒、番茄	65%
甜瓜、西瓜	50%
油菜、水萝卜、韭菜、菠菜	80%
豌豆苗	70%
菜豆、西葫芦、豇豆	60%

六、蔬菜对土壤 pH 适应范围

pH 值	蔬菜种类
6.5～7	豌豆、菠菜、甜菜
6～6.5	菜豆、南瓜、石刁柏、花椰菜、瓠瓜、黄瓜、西瓜、芹菜、蚕豆、辣椒、番茄、茄子、韭菜、大葱、大白菜、青花菜、甜瓜、莴苣
5.5～6.5	甘蓝、牛蒡、萝卜、洋葱、胡萝卜
5.5～6	姜、蒜、马铃薯

第三节　蔬菜不同茬口生产历程

一、温室越冬一大茬蔬菜栽培种类和历程

日期茬口 月	1			2			3			4			5			6			7			8			9			10			11			12		
旬	上	中	下	上	中	下	上	中	下	上	中	下	上	中	下	上	中	下	上	中	下	上	中	下	上	中	下	上	中	下	上	中	下	上	中	下
黄瓜	√	√	√	√	√	√	√	√	√	√	√	√	√	√	√	√	√										⊙	⊙	··	··	⊥	⊥	⊥	··	··	√
西葫芦	√	√	√	√	√	√	√	√	√	√	√	√	√	√	√													⊙	⊙		⊥	⊥	⊥	··	√	√
番茄	√	√	√	√	√	√	√	√	√	√	√	√	√	√	√	√	√	√	√					√		⊙	⊙				⊥	⊥	⊥	··	··	√
茄子	√	√	√	√	√	√	√	√	√	√	√	√	√	√	√	√	√	√	√	√					⊙	⊙	··	··	··	··	⊥	⊥	··	··	··	··
辣椒	√	√	√	√	√	√	√	√	√	√	√	√	√	√	√	√	√	√	√	√				⊙	⊙	··	··	··	··	··	⊥	⊥	··	··	··	··
韭菜	··			··		√	√	√		○	○	○	○	○		··	··	··	··	··	··	··	··	··	··	··	√	√	∩	∩	∩	√	√	··	√	√
芹菜	√	√	√	√	√	√	√	√	√	√	√	√	√	√	√				⊙	⊙	⊙	··	··	··	⊥	⊥	⊥	∩	∩	∩	··	··	··	··	··	√
草莓	√	√	√	√	√	√	√	√	√	√	√	√												⊥	⊥	··	··	··	··	∩	∩	··	··	··	··	··
香椿	√	√	√	√	√	√	√	√	√	⊙	⊙	⊙	··	··	··	··	··	··	··	··	··	··	··	··	··	··	··	··	··	··	≠	≠	≠	··	··	··

○:直播　⊙:播种育苗　··:间隔期　≠:假植处理　⊥:定植　∩:扣膜　√:收获

二、温室秋冬茬、冬春茬蔬菜栽培种类和历程

日期茬口 \ 月	1			2			3			4			5			6			7			8			9			10			11			12		
旬	上	中	下	上	中	下	上	中	下	上	中	下	上	中	下	上	中	下	上	中	下	上	中	下	上	中	下	上	中	下	上	中	下	上	中	下
芹菜—果菜类	√																		○	○	○	∵	∵	∵	⊥	⊥	⊥	∩	∩	∩	∵	∵	∵	∵	∵	√
			⊥	⊥	⊥	∵	∵	∵	∵	√	√	√	√	√	√																					
黄瓜—黄瓜	√	√																					⊙	⊙	⊥	⊥	∵	∵	∵	√	√	√	√	√	√	√
	∵	⊥	⊥	⊥	⊥	√	√	√	√	√	√	√	√	√	√	√																	⊙	⊙	∵	∵
番茄—黄瓜																					⊙	⊙	⊙	⊥	⊥	⊥	∵	∵	∵	∵	√	√	√	√	√	√
	∵	⊥	⊥	⊥	∵	∵	√	√	√	√	√	√	√	√	√	√	√	√	√													⊙	⊙	⊙	∵	∵
豆角—茄子																							○	○	○	∩	∩	∩	∵	√	√	√	√	√	√	√
	∵	∵	⊥	⊥	⊥	∵	∵	∵	√	√	√	√	√	√	√	√	√	√	√																	

○:直播 ⊙:播种育苗 ∵:间隔期 ≠:假植处理 ⊥:定植 ∩:扣膜 √:收获

续表

日期 茬口 \ 月 旬	1			2			3			4			5			6			7			8			9			10			11			12		
	上	中	下	上	中	下	上	中	下	上	中	下	上	中	下	上	中	下	上	中	下	上	中	下	上	中	下	上	中	下	上	中	下	上	中	下
西葫芦—番茄	√	√	√																					⊙	⊙	··	⊥	⊥	··	··	√	√	√	√	√	√
	··	⊥	⊥	⊥	··	··	··	√	√	√	√	√	√	√	√	√	√	√											⊙	⊙	⊙	··	··	··	··	··
速生蔬菜—果菜	√	√																										○	○	○	○	○	··	··	√	√
		⊥	⊥	⊥	⊥	⊥	··	··	√																											

○:直播　⊙:播种育苗　··:间隔期　≠:假植处理　⊥:定植　∩:扣膜　√:收获

芹菜作为前茬，一般到长成时一次刨收或擗收一次，待再长成以后刨收。生产芹菜的温室不利于下茬果菜育苗，芹菜刨收后必须有个亮地晒垡、提高地温的过程，才能定植下茬果菜。各种果菜育种时间可以参考前列韭菜的下茬果菜类。

黄瓜下茬接种茄果类蔬菜、冬瓜和西葫芦时，播种育苗及栽培历程可参照前列韭菜后栽培的果菜。

番茄下茬接种茄果类蔬菜、冬瓜和西葫芦时，播种育苗及栽培历程可参照前列韭菜后栽培的果菜。

豆角之后各种果菜类都可种植，播种育苗和栽培可参考以上有关内容。

西葫芦的下茬可以种植任一种果菜。

	洋葱	韭菜	菠菜	大葱	胡萝卜		西瓜		冬瓜		土豆
温室					地膜	露地	双膜	大棚	露地	双膜	
							下旬播种育苗	1.中旬(2.15)点播砧木；2.下旬(2.22)点播西瓜			
			春茬上旬播种		上旬播种			1.月初嫁接；2.嫁接后管理；3.中旬定植		月底播种	上旬播种
		中旬播种					1.上旬定植；2.定植后管理	1.上旬授粉；2.节瓜期管理	下旬播种		出苗后发棵期管理，主要是肥水、封垄培土管理

	洋葱	韭菜	菠菜	大葱	胡萝卜		西瓜		冬瓜		土豆
室					地膜	露地	双膜	大棚	露地	双膜	
	上旬播种			上旬播种							
	下旬定植	上旬收割第二茬	越冬茬口上旬播种	下旬收获							
						中旬收获					
采											

第四节 设施蔬菜周年生产茬口安排

一、日光温室蔬菜周年生产茬口安排

(一)日光温室一年一大茬茬口安排

作物种类	播种	定植	收获
黄瓜	9月下旬	10月下旬~11月上旬	12月~次年7月
茄子	9月上旬	11月	12月中旬~次年6月底

注:番茄、茄子选用无限生长型、抗病毒品种。

(二)日光温室一年两茬茬口安排

第一茬			第二茬		
作物种类	定植期	收获期	作物种类	定植期	收获期
黄瓜	9月上旬~9月中旬	10月下旬~翌年1月中旬	茄子	1月下旬~2月上旬	3月下旬~6月上旬
西葫芦	10月上旬~10月中旬	11月下旬~翌年2月上旬	番茄	2月中旬~2月下旬	4月下旬~6月上中旬
樱桃番茄	8月上旬~8月中旬	11月上旬~翌年1月中下旬	黄瓜	2月上旬~2月中旬	3月中旬~6月下旬
芹菜	9月上旬~9月下旬	12月下旬~翌年1月下旬	番茄	2月中旬~2月下旬	4月下旬~6月上中旬

实例:越冬茬黄瓜(或西葫芦)——夏秋茬苦瓜

1.越冬茬黄瓜

选用耐寒早熟品种,如津春3号、津优3号、津绿3号等。10月上中旬温室播种,用黑籽南瓜或南砧1号作砧木,进行嫁接育苗。11月上中旬定植,采取吊蔓方式,每亩种植4000～4500株,12月中旬到翌年6月收获,每亩产7500公斤以上;如果种植越冬茬西葫芦,可选用生长势中等的碧冠、长青1号西葫芦、长绿西葫芦、寒王西葫芦、京葫一号等。10月上中旬温室播种,用黑籽南瓜作砧木,进行嫁接育苗,11月上中旬定植,行距1米,株距0.5米,每亩1700株左右,采取高畦覆地膜、吊蔓。12月上旬到翌年5月收获。每亩产量7000公斤以上。

2.夏秋茬苦瓜

4月下旬到5月上旬,即在前茬拉秧前30～35天露育苗,其他方面参照苦瓜进行。定植苦瓜后,于苦瓜行间撒播芫荽(香菜),50～60天采收,在8月蔬菜淡季时上市。

(三)日光温室一年三茬茬口安排表

项目	秋茬定植时间	冬春茬定植时间	春夏茬播种时间
	9月上旬～翌年12月下旬	12月下旬～翌年5月下旬	4月上旬～8月下旬
作物种类	黄瓜、番茄、芹菜、莴苣、青椒、菜豆、甘蓝、结球菊苣等	番茄、大椒、茄子、黄瓜、西葫芦、冬瓜、莴苣、甘蓝等	套种苦瓜、丝瓜、豇豆等

实例一:冬茬芹菜—早春茬黄瓜—夏秋架豇豆

1.冬茬芹菜

芹菜选用实心品种,如津南实心芹菜、玻璃脆芹菜、自由女神加州王西芹等。7月中旬到8月上旬露地遮阳防雨播种,幼苗长到

2～3 片叶时分苗，苗距 5 厘米见方。若不分苗，可间苗 2～3 次，苗距 4 厘米左右，9 月中旬到 10 月上旬，幼苗生长到 6～7 片叶时带坨定植，苗距 10～20 厘米见方。12 月中旬到翌年 2 月收获上市。每亩产量 4000 公斤以上。

2.早春茬黄瓜

选用早熟、耐寒、抗病品种，如津优 2 号、津绿 2 号、津春 3 号等。12 月上中旬在温室播种，2 片子叶展平后向营养钵、纸袋分苗；或者直接向营养土方、营养钵和纸袋中播种。2 月上中旬定植，每亩 4000 株左右，3 月上中旬始收，6 月中下旬拉秧。每亩产量 5000 公斤以上。

3.夏秋架豇豆

选用博王长丰、高产 8 号、利农新优 351 等优良品种，5 月下旬露地纸袋育苗，6 月中下旬定植，每亩栽植 3700 穴左右，7 月下旬到 8 月下旬定植，每亩产量 2500 公斤以上。

实例二：冬茬韭菜—早春茬番茄—夏秋苦瓜

1.冬茬韭菜

选用休眠不明显的宽叶韭菜品种，河南 791、嘉兴白根(当地称之为雪韭)、胜利雪韭、久星 10 号等。4 月上旬露地播种育苗，6 月下旬到 7 月上旬移栽定植，底肥要施足。穴距 25 厘米，行距 30 厘米左右。11 月上中旬扣膜防寒。因该品种没有明显的休眠现象，地上部正常生长时就可扣棚膜。扣膜前后可根据市场行情收割上市。以后 25～30 天收割一次，一直到翌年 2 月上旬，每亩产量 3000 公斤以上。

2.早春茬番茄

选用中早熟或中熟品种，如金棚 1 号，朝研粉冠、朝研粉王、保冠 1 号、L－401、L－402 等。12 月初在温室育苗，2 片叶分苗，苗距 10 厘米见方，翌年 2 月中旬定植，每亩栽植 3800 株左右；单干整枝，留 2～3 穗果闷顶(打尖)。4 月中旬到 5 月下旬收获。每亩产量4000公斤以上。

3.夏秋苦瓜

选市场性好的长白苦瓜,夏丰、穗新1号、高优好八号、高优好三号,4月下旬露地育苗,5月下旬番茄拉秧,整地施肥后带坨定植苦瓜,行距75～80厘米,株距40～50厘米,搭人字大架,6月中下旬开始采收,10月上中旬拉秧。每亩产量500公斤左右。

实例三:冬茬草莓—早春茬番茄(或黄瓜)—番茄再生(或结球莴苣)

1.冬茬草莓

选用适宜日光温室冬季栽培的品种,如童子1号,甜查理等。4月中旬定植母株繁苗,畦宽2米,株距0.5米。春季摘除所有花蕾或花,不让其坐果,促其多发生匍匐茎,6月下旬至7月上旬,挖取母株匍匐茎上有2～3片展开叶的幼苗移植集中培育,株行距12厘米×15厘米,9月中旬前后带坨定植于温室:若采用高畦,宽60～70厘米,高10～15厘米,每畦栽植2行,株距15～20厘米,每亩栽植6000～8000株。10月上中旬扣膜保温,12月中旬开始采收,翌年3月采收结束,每亩产量1500公斤以上。

2.早春茬番茄(或黄瓜)

12月末到翌年1月上旬在温室播种育苗,其他参照早春茬番茄进行。草莓收获后也可安排早春黄瓜,黄瓜苗于1月中下旬在温室培育,苗龄45～50天。其他方面参照早春茬黄瓜进行。

3.番茄再生(或结球莴苣)

如早春茬番茄施肥多,植株整齐强壮,在第二或第三穗果长足个前后,于植株上部选留一条健壮侧枝,作为番茄再生结果枝,留3穗果闷尖。如果管理及时,加强遮阳避雨防病等管理,可在淡季上市,能收到良好效益。也可以上茬结束后抢种一茬结球莴苣。结球莴苣要选用耐热品种,如碧绿包心生菜,美国的皇帝、皇后,日本的奥林匹亚和凯撒等。5月中下旬露地育苗,间苗1～2次,苗距

5～6 厘米见方，6 月中下旬带土坨定植，每亩栽植 6500～7000 株，8 月上中旬淡季收获上市。每亩产量 2000 公斤以上。

实例四：冬茬香椿—早春茄子(或辣椒)—秋冬黄瓜

1.冬茬香椿

选用红芽香椿，3 月下旬在阳畦播种育苗，4～5 片叶露地移植，行距 30 厘米左右，株距 10～13 厘米，每亩植苗 20000 株左右。11 月上中旬温室定植，每亩植 8000 株左右(也有密植囤栽的)，春节期间采收上市。每亩产量 250 公斤以上。4 月上中旬移出温室复壮。

2.早春茄子(或辣椒)

选用六叶茄或七叶茄，圆丰 1 号、丰研 2 号、圆杂 2 号等。12 月上旬温室播种，3 片叶时分苗，苗距 12 厘米见方，3 月上中旬定植于香椿行间，每亩植 4000 株左右，四门斗以上留 2 片叶闷顶。5 月上中旬始收。每亩产量 3000 公斤以上。如果种植甜椒，可选用双丰、甜杂 3 号、甜杂 6 号；若种植辣型辣椒，可选用湘研 3 号、保椒、85—1 等品种，12 月中旬温室育苗，4 片叶时温室双株分苗移植，苗距 10 厘米见方，翌年 3 月上中旬带坨定植于香椿行间，行距 60～70 厘米，穴距 30 厘米；每亩栽植 3200～3500 穴。5 月始收。每亩产量 3000 公斤以上。

3.秋冬茬黄瓜

选用津优 1 号、津优 10 号、津绿 1 号等品种，8 月中旬露地遮阳防雨，采用营养土方或纸袋护根育苗，苗距 10 厘米见方，9 月中旬定植，每亩栽植 4000～5000 株，10 月中旬到翌年 1 月上旬采收。每亩产量 2500 公斤以上。

实例五：冬茬芹菜—早春厚皮甜瓜—早熟大白菜

1.冬茬芹菜

同(实例一)。

2.早春厚皮甜瓜

选用伊丽莎白、状元、新纪元、蜜世界、郑甜1号等品种,1月上中旬,温室采用纸袋育苗,2月初芹菜收后整地施肥,2月中下旬定植,平均行距65厘米,株距35～38厘米,每亩栽植2200～2500株。5月上中旬采收上市,6月底到7月初拉秧。每亩产量1500公斤以上。

3.早熟大白菜

甜瓜拉秧后,抢种一茬早熟大白菜,选用生长期50天左右的耐热早熟品种如北京小杂50号、北京小杂51号、夏阳白菜抗热45、京夏王、京夏1号等,行距50厘米,株距40厘米,播种后50天上市。每亩产量2000公斤以上。

实例六:日光温室番茄—黄瓜—茴香三茬高效种植模式

1.番茄

于3月中旬育苗,4月下旬定植,6月下旬开始采收,9月中下旬采收结束。①品种选择。选择抗病、优质、高产、耐储运、商品性好的品种,如金棚系列、迪芬尼、荷兰6号等品种。②培育壮苗。采用穴盘或营养钵育苗,加强温湿度管理,培育健壮幼苗。③定植。采用大小行栽培,覆盖地膜,每亩定植3000～3500株。④肥水管理。定植后及时浇水,3～5天后浇缓苗水。根据生育季节长短和生长状况及时追肥。⑤植株调整采用单曼整枝,一般留果穗5～6层。⑥适时采收。

2.黄瓜

黄瓜于8月下旬～9月初育苗,9月下旬定植,10月中下旬开始采收,翌年1月下旬收获结束。①品种选择。选用耐低温和弱光、抗病、商品性好、高产的品种,如津优35、津优36、津优38等。②培育壮苗。夏秋育苗主要靠遮阳降温,注意控水肥。③施足基肥。每亩施入优质基肥5000公斤、饼肥150～200公斤,其中2/3撒施,其余1/3作畦时沟施。施入基肥后,深翻土壤40厘米,耙平整细。④合理定植。定植密度一般为 3000～3500 株每亩。⑤肥水管理。根据生长情况及时进行肥水管理。⑥温室管理。缓苗期白天 28℃～30℃,晚上不低于 18℃。缓苗后采用变温管理:8～14 时,25℃～30℃;14～17 时,25℃～20℃;17～24 时,15℃～20℃;24 时至日出,15℃～10℃。低温保持 15℃～25℃。⑦植株调整定植。缓苗后及时绑蔓,并摘除卷须。及时去除病叶、老叶以及畸形果。⑨适时采收。

3.茴香

茴香于 1 月下旬开始播种,4 月中下旬收获结束。①品种选择。选择生长快、耐寒、抗病、高产的品种。②整地施肥。每亩施用优质腐熟农家肥 3000 公斤以上,过磷酸钙 100 公斤或二铵 15～20 公斤,普施地面,深翻耙细作畦,畦宽 1.2 米,搂平畦面。③播种一般每亩 8～10 公斤左右。④田间管理。播种后至出苗前,密闭温室保温防寒。茴香出苗后,苗高 7～8 厘米时开始放风,一般上午超过 22℃时放风,下午低于 20℃时关闭风口;中期早晨8℃～9℃时放风,一直到下午 20℃时关闭风口;白天风口要大,夜间风口要小,白天最高温度不能超过 24℃,否则茴香易干尖。苗高 20 厘米左右时,浇水一次,水量适中,结合浇水,亩追施尿素 10～15 公斤。⑤采收。苗高 30 厘米左右时即收获。

实例七:樱桃番茄—球茎茴香一年二茬高效栽培技术

1.樱桃番茄

12 月上旬育苗,1 月下旬至 2 月上旬定植,4 月上旬开始收获,6 月下旬至 7 月上旬拉秧。①品种选择。选用抗病虫、抗逆性强、商品性好的品种,如:圣女、串珠等。②育苗。将催芽的种子于 12 月上旬播于浇好水的苗床上。每平方米用种子 8～10 克。③定植。定植前每亩施优质有机肥 3～5 平方米、过磷酸钙 50 公斤做基肥。当苗高 15～20 厘米,茎粗 0.6 厘米以上,有 7～8 片叶,个别现蕾时,按大行 80 厘米,小行 40 厘米,株距 28 厘米定植于温室内,每亩定植 4000 株左右。④管理。适时追肥浇水,整枝吊蔓。

2.球茎茴香

7 月下旬至 8 月上旬遮阳网下育苗,8 月下旬至 9 月上旬定植于温室内,11 月下旬至 12 月上旬上市,12 月下旬收获完毕。①品种选择。选用高产、优质、抗病的荷兰早熟品种。②育苗。苗床耙细耙平后施入腐熟的厩肥,再浅翻一遍,精细整平,浇透底水,水渗后撒一薄层过筛的细土,随即把经处理过的种子均匀撒播于苗床上,然后撒盖细土 1 厘米厚,上盖遮阳网,每平方米播种量 4 克,每亩播种量 110 克。③定植。8 月下旬至 9 月上旬,幼苗长有 5～6 片真叶,高 20 厘米左右时按行距 40 厘米、株距 30 厘米带土坨定植于温室内。定植前浇透水,定植后浇定根水。④管理。适时浇水,保持土壤湿润。7～8 叶时追人粪尿 500 公斤,球茎开始膨大时进行第二次追施人粪尿。球茎开始膨大之前要适当控水,以后适当多浇促进球茎生长。

实例八:球茎茴香—西红柿—谷子一年三茬栽培技术

1.球茎茴香

于 8 月初育苗,9 月底定植在日光温室,株行距为 30 厘米×35 厘米,于 1 月份收获上市,供应春节市场。球茎茴香选择商品性比较好的品种,如楷模、球茴 2 号、球茴 3 号。①育苗。苗床整理好后,浇透水,水渗后撒一层过筛细土,均匀撒播处理过的种子,然后撒盖 1 厘米厚的细土。②苗期管理。播种 1～2 天后,喷洒一次,齐苗后浇一小水,幼苗具有 1～2 片真叶时进行一次分苗。③定植。幼苗具有 5～6 片真叶,株高 20 厘米左右时定植,定植前要进行施肥整地作畦,亩施有机肥 8000 公斤、磷酸二铵 20 公斤、钾肥 15 公斤,翻地整平作畦,畦宽 1.2 米。移栽前苗床浇透水,带土坨定植,每畦定植 4 行,定植后及时浇定根水。④田间管理。定植后保持土壤湿润,新叶长出后进行中耕蹲苗,减少浇水,防止植株徒长。在球茎开始膨大时,结合浇水亩追尿素 10 公斤,迅速膨大期,加大追肥量,亩追尿素 15 公斤。球茎充分长大后,加强通风,降低温室湿度。⑤采收。待球茎直径达 6～10 厘米、重达 0.5 公斤左右时即可采收。

2.西红柿

12 月初在温室育苗,2 月初定植在温室,株距为 33 厘米,行距为大行 80 厘米、小行 40 厘米,6 月初生产结束。西红柿选择高产抗病品种 402、金棚等。①育苗。12 月初在日光温室播种育苗,种子和苗床要经过消毒处理。②定植。在前茬球茎茴香收获后及时清洁田园,深翻细耙,结合整地亩施有机肥 8000 公斤、磷酸二铵 40 公斤、钾肥 30 公斤,深翻 25 厘米,整平按大小行做小高垄。小行覆盖地膜,破膜定植,定植后顺地膜膜下小垄沟浇透水。③田间管理。定植 3～5 天后浇一次缓苗水,要浇暗水,灌水量不可过大。定植后及时搭架绑蔓。在第一穗果座住之前不浇水,座住之后结合膜下浇水追施催果肥。同时要进行保花保果,控制温室温湿度。每一穗果座住后要进行浇水追肥。并适时整枝打杈、去除老叶病叶并搞好病虫防治。

3.谷子

谷子于 6 月上旬播种,平均行距为 15 厘米,9 月份收获。谷子选择优质高产夏谷品种。①播种。前茬收获完毕及时耙地,抢茬播种,采用耧播,播深 3～5 厘米,播后及时镇压,确保全苗。②苗期管理。谷子出苗后发现缺苗断垄及时进行补播或移栽,当“猫耳叶”长成时进行镇压,促根防倒。3～4 叶期结合间苗、定苗,进行中耕除草,并追施速效氮肥,孕穗期中耕培土。浇水要视降雨情况而定。一般苗期不浇水,孕穗期和抽穗期保证肥水供应。③收获。当麸皮变为品种固有的色泽,子粒变硬时适时收获。

(四)日光温室一年四茬茬口安排表

茬次	作物种类(选种1种)	种植期至收获期
第一茬(秋茬)	芹菜、青花菜	9月上旬定植~12月上旬
第二茬(冬茬)	樱桃萝卜、奶白菜	12月中旬(直播)~翌年1月下旬
第三茬(春茬)	番茄	1月中旬(定植)~5月中旬
第四茬(夏茬)	芫荽、小油菜、苋菜、早熟大白菜	6月上旬直播~8月下旬

二、塑料大棚周年生产茬口安排

作物	播种期	定植期	始收期	终收期
番茄(上茬)	12月中旬~1月下旬	3月中旬~3月下旬	5月上旬~5月中旬	6月中旬~7月上旬
黄瓜(下茬)	7月上旬~7月下旬	8月上旬~8月中旬	9月上旬~9月中旬	11月上旬~11月中旬
黄瓜(上茬)	1月下旬~2月上旬	3月中旬~3月下旬	4月中下旬	6月中旬~6月下旬
番茄(下茬)	6月上旬~7月上旬	7月上旬~8月上旬	9月上旬~9月中旬	11月上旬~11月中旬
茄子(上茬)	12月下旬~1月上旬	3月中旬~3月下旬	5月下旬	6月中旬~7月中旬
黄瓜(下茬)	7月上旬~7月下旬	7月下旬~8月上旬	9月上旬~9月下旬	11月上旬~11月中旬
黄瓜(上茬)	1月下旬~2月上旬	3月中旬~3月下旬	4月中下旬	6月中~6月下旬

续表

作物	播种期	定植期	始收期	终收期
菜豆(下茬)	7月中旬～8月下旬		9月上旬～9月中旬	10月下旬～11月中旬
黄瓜(上茬)	1月下旬～2月上旬	3月中旬～3月下旬	4月中下旬	6月中旬～6月下旬
芹菜(下茬)	7月下旬～8月上旬	8月上旬～8月中旬	10月上旬～10月中旬	11月中旬～11月下旬
辣椒(上茬)	12月下旬～1月上旬	3月中旬～3月下旬	5月中旬～5月下旬	6月中旬～7月中旬
黄瓜(下茬)	7月上旬～7月中旬	8月上旬	9月上旬～9月中旬	11月上旬～11月中旬

实例一:早春茬黄瓜—秋茬番茄

1.早春茬黄瓜

选用早熟、耐寒、抗病品种,如津优2号、津绿2号等。1月下旬到2月上旬在温室,采用塑料营养钵播种育苗,3月下旬定植、每亩种植4000株左右,4月中下旬始收,6月中下旬拉秧,每亩产量5000公斤以上。

2.秋茬番茄

选用果皮厚、耐贮运,耐热抗病毒病的品种,如双抗2号、中蔬4号、L—402、中杂9号、晋番茄4号、98—8等。6月上旬至7月上旬遮阴防雨播种育苗。日历苗龄25天左右,7月上旬至8月上旬在大棚定植,9月上中旬始收,11月上中旬拉秧,每亩产量3000公斤以上。

实例二:早春茬番茄—秋茬黄瓜

1.早春茬番茄

选择耐低温、抗病、早熟性好,产量高的品种,如金棚1号、朝研粉冠、朝研粉王、保冠1号等，在12月中旬至翌年1月下旬播种育苗，日历苗龄60～70天，3月上旬至4月上旬，在大棚内定植秧苗，5月上旬至6月中下旬收获，每亩产量4000公斤以上。

2.秋茬黄瓜

选择商品性好，抗病性强，瓜条深绿，瓜把较短的高产品种，如津优1号、津优10号、津绿1号等。7月上旬遮阳防雨，使用营养钵育苗，8月上旬在大棚内定植秧苗，9月上中旬始收，11月上中旬拉秧，每亩产量3500公斤以上。

实例三：早春茄子—秋茬黄瓜

1.早春茄子

选择商品性好、早熟、抗病性的高产短把圆茄，如北京六叶茄，天津快圆，圆丰一号，丰研2号，圆杂2号等。1月上旬在温室中使用营养钵育苗，日历苗龄80天左右，3月中下旬在大棚内定植，四门斗茄以上留2片叶去顶尖，5月下旬始收，每亩产量3000公斤以上。

2.秋茬黄瓜

选择商品性好，抗病性强，瓜条深绿，瓜把较短的高产品种，如津优1号、津优10号、津绿1号等。7月上旬遮阳防雨，使用营养钵育苗，8月上旬在大棚内定植秧苗，9月上中旬始收，11月上中旬拉秧，每亩产量3500公斤以上。

实例四：早春茬辣椒—秋茬黄瓜

1.早春茬辣椒

选商品性好的品种，如果大面积种植甜椒可选双丰、甜杂3号、甜杂6号，如果种植微辣型辣椒可选用牛角王、湖研3号、保椒、85－1等品种。12月中下旬开始在温室育苗，3～4片叶移植到营养钵内继续培育，3月中下旬在大棚内定植，5月中旬左右始收，每亩产量3500公斤以上。

2.秋茬黄瓜

选择商品性好，抗病性强，瓜条深绿，瓜把较短的高产品种，如津优 1 号、津优 10 号、津绿 1 号等。7 月上旬遮阳防雨，使用营养钵育苗，8 月上旬在大棚内定植秧苗，9 月上中旬始收，11 月上中旬拉秧，每亩产量 3500 公斤以上。

第五节 蔬菜增产 17 窍门

1.辣椒平栽

人们习惯直立栽植辣椒，其实辣椒平栽根系更发达，产量可比直立栽培增 1 倍左右。方法是：在移栽辣椒秧时，将秧苗平放；把秧苗 2/3 的茎放入窝内，盖土 10～12 厘米，把埋入土中茎部的叶去掉。平地种植时，将苗尾向北，便于以后茎直立。坡地种植时苗尾朝向坡下。由于平栽抑制了原有徒长，所以结果期提前，结果量多，提高了前期产量；根部抽发的新枝粗壮，生长旺盛，可以延长采收期。

2.辣椒剪枝当辣椒

植株停止开花结果后，将植株顶部的枝条全部剪去，同时将基部的弱枝、下垂枝及病虫危害枝剪掉。辣椒剪枝后，中耕 8～10 厘米，每亩追施尿素 5～75 公斤或人、畜肥 3000 公斤，并用石硫合剂和晶体敌百虫兑水喷施防治病虫害。辣椒剪枝处理后可增产 20%。

3.马铃薯掐蕾

马铃薯孕蕾开花要消耗大量养分，所以见蕾就掐去，能促进块茎生长发育，一般可增产 15%。

4.苦瓜与丝瓜进行嫁接

选长势好的丝瓜苗和苦瓜苗并栽在一起，当瓜蔓长到约 1 米长时，在瓜蔓离地面 10 厘米高的部位分别用小刀削去一块 2 厘米长的皮，然后将其削皮的地方贴在一起，包上薄膜扎紧。等到两根蔓长在一起后，剪去上部丝瓜藤。苦瓜和丝瓜嫁接后结出的瓜产量高，而且表面像苦瓜，长、粗像丝瓜，味道苦中带甜，十分可口。

5.番茄压条

番茄封顶结果盛期过后，留下主枝底部滋生出来的1～2个侧枝。等侧枝长到24～26厘米时，摘掉2/3的小叶，使它弯向地面，用土压条固定，顶端露出两三片小叶，浇适量水。在适宜温度条件下，压条部位就会滋生出强大的根系，主根早衰后，将所压侧枝的上部主枝剪掉，并加强管理，侧枝很快就会开花结果，可增产15%～20%。冬季大棚番茄采用这种办法，可以延长番茄结果期。

6.番茄卧栽

将高脚番茄苗卧栽，使高脚苗的大部分斜卧在土壤里，以使高脚苗在地下生根，形成发达的根系，提高植株对土壤养分的吸收、利用能力，缩短缓苗期，提高成活率，促进它稳健生长。这样，植株不仅前期生长快，而且后期开花结果早，产量高，一般可以比直立栽培增产10%～20%。

7.南瓜埋蔓

当每株南瓜结2～3个瓜时，将瓜节前6节瓜蔓埋入土中。具体做法是：沿瓜蔓旁挖一小沟，将蔓轻轻放入沟内，再填压15厘米厚的肥土。南瓜埋蔓后可增产20%。

8.茄子摘心

在茄子植株第3层果出现后，将果实以上的侧枝留2片叶摘心，摘心后及时追施速效肥或腐熟的人畜粪肥。茄子摘心后，采收期一般可提前5～6天，增产10%～20%。

9.黄瓜授粉

在瓜蔓上每3～4节生有1朵雌花，雌花之间的各节有10～12朵雄花，呈集束状。据农科专家的试验，在雌花和雄花开放时，选成熟的雄花给雌花授粉，授粉后保留靠近雌花的2～3朵雄花，使其充分授粉，其他雄花均摘除，这样可以增产 25%～30%。本法尤其适用于庭院栽培和大棚栽培的黄瓜。

10.白酒浸种

用白酒浸泡菜种，可使蔬菜出苗快而整齐，尤其对种皮厚、发芽率低的瓜及豆类种子，效果更好。方法是：先将白酒按 1∶1 的比例加水稀释，再放入菜种浸 10 分钟，然后捞出晾干播种。

11.糖液选种

用糖液浸选瓜及豆类种子，一般可使蔬菜增产 30%以上。方法是：取 40℃左右的温水 1000 克，加入红糖 20 克，充分搅拌，使之全部溶解，制得糖液，然后把配好的糖液放在一个大小适中的盆里（注意不能使用铜铁器皿），盆上放一个白纱布底的箩圈，使纱布浮在液面上，把种子摊在纱布上，半边浸在糖液里，半边露在外面，接着用温水浸湿的布片把糖液盆盖起来，放在火炕上催芽，温度保持 15℃～20℃；在催芽过程中，每天翻拌 2～3 次，并结合翻拌，把发芽早、长势强的种子挑选出来，分期分批进行播种。

12.叶面喷醋

日常食用的米醋中，除含有 4.5%左右的醋酸外，还含有氨基酸、乳酸、核苷酸以及微量的细胞分裂素等营养物质，对植物的生长发育具有明显的刺激作用。据试验，在番茄开花结果期，用米醋 300～500 倍液每隔 8～10 天喷一次，连续喷洒 3～4 次，可增产 17%～30%。另有资料表明，黄瓜、白菜、大葱以及小麦、玉米、水稻、地瓜、大豆等作物，喷醋也能增产。

13.牛乳治病

在黄瓜病毒病发生时，取新鲜牛奶 1 份，加水6～8 份，选晴天上午 8～10 时喷雾，重病株每隔 2～3 天，轻病株隔 4～5 天喷一次，连喷 3 次，即可使病害明显减轻。

14.烟液灭虫

用吸剩的烟头 0.5 公斤，加水 1.5～2 公斤，浸泡 24 小时后用双层纱布过滤，制得烟液。取烟液1份，兑水20份喷雾，防治蔬菜或花卉上的蚜虫、菜青虫、红蜘蛛等害虫，效果很好，并且无异味又不污染环境，尤其适合在庭院应用。

15.苦胆汁防病虫

杀猪时，将苦胆汁取出，先兑水稀释100倍，再加入少量洗衣粉或小苏打搅匀，然后喷雾。可有效地防治番茄立枯病，辣椒炭疽病、白菜软腐病以及菜蚜、菜青虫等。

16.增施二氧化碳气肥

增施二氧化碳气肥的方法很多，其中燃放沼气法既能增温，又可提高二氧化碳浓度。浓度一般晴天为1000～1500毫克/公斤，阴天减半。经对黄瓜、番茄、青椒、菜花等多种蔬菜试验，一般可增产20%～40%，且促进蔬菜早熟、早上市，增强蔬菜的商品性和耐贮性。

17.使用生长调节剂

茄果类蔬菜在低温条件下虽能开花，但坐果率太差。正确选择和使用植物生长调节剂，如在番茄开花期，用2,4－D丁酯防落素蘸花，可防止落花，据高坐果率；在黄瓜1～2叶时，用100～150毫克/公斤乙烯利溶液喷洒叶面1～2次，用药间隔7天左右，可使雌花节位明显降低，雌花比例显著提高；用1000～1500毫克/公斤矮壮素溶液处理番茄秧苗，可防止徒长；黄瓜雌花开花后1～2天，用100～200毫克/公斤的防落素溶液进行喷雾，可促进果实生产，黄瓜瓜形呈条形，直而长，带花、刺，商品性好，产量和经济效益高。

第六节　设施蔬菜生产新技术介绍

一、集约化育苗技术

集约化育苗技术是以穴盘为主要育苗容器，以草炭、蛭石、珍珠岩等为育苗基质，在温室等可控环境条件下进行精量播种的一种育苗方式。可用于黄瓜、茄子、甜椒、西红柿、西瓜、甜瓜、西葫芦等适宜移栽定植的蔬菜种类。集约化育苗是对传统育苗的改革和创新，具有省工省时、节肥节药、促进苗齐苗壮和提前上市等优点，是实现蔬菜育苗规模化、商业化和专业化的有效途径。

技术要点：一是选用适宜的基质与穴盘。选用的草炭要表层蜡质少，吸水性好，pH 值 5 左右。选用的蛭石要粒径 2～3 毫米，发泡好。要根据不同蔬菜种类对基质进行合理配比。穴盘根据不同蔬菜的育苗特点选用，如黄瓜、西瓜可选用 50 孔或 72 孔穴盘；番茄、茄子可选用 72 孔穴盘，青椒及中熟甘蓝可选用 128 孔穴盘。二是注重苗期管理。首先是加强水分管理，在蔬菜整个育苗期间要采取控水的方法，保持育苗穴盘不湿不干，确保秧苗不萎蔫、不徒长。其次是控制苗期温度在 18℃～28℃。还要根据秧苗长势进行倒盘，确保秧苗生长均匀。三是进行科学嫁接。首先要选择亲和力强，抗病、抗逆性好的优良嫁接砧木。如茄子嫁接砧木选用托鲁巴姆、茄砧一号等，番茄嫁接砧木选用科砧一号等。其次是选择适宜的嫁接方法，如瓜类蔬菜常用插接法、劈接法、靠接法等嫁接方法；茄科蔬菜常用劈接法、斜切法。还要根据砧木和接穗的生育阶段掌握好嫁接的时期，确保嫁接成活率。

二、设施土壤活化技术

设施土壤活化技术就是通过高温闷棚和沟施秸秆等措施，抑制或杀死病菌，增加土壤有益生物，减轻设施土壤盐渍化程度和土传病害发生，恢复土壤活力的技术。

高温闷棚是指在夏季休闲期，用塑料薄膜密封棚室，在强光照射下，使棚室内迅速升温到 60℃～70℃以上，并保持一定时间，利用高温杀灭棚室土壤中的根结线虫和其他有害病菌，达到减轻土壤土传病害发生和传播目的的一项基本技术。沟施秸秆是通过在棚室土壤内埋施作物秸秆(麦秸、玉米或其他作物秸秆),并加入菌种,促进秸秆发酵,产生土壤有益微生物、热量、二氧化碳以及促进蔬菜生长的多种有机质和微量元素的一项简便实用技术。其中,土壤有益微生物可以分解土壤中残留的化肥、农药等化学成分,减轻土壤板结和盐渍化程度,抑制和灭杀土壤病原菌;秸秆发酵产生的热量可以提高棚室内地温 1℃~3℃,产生的二氧化碳可以提高棚室内二氧化碳浓度、增加蔬菜光合作用。

技术要点:①高温闷棚。一是蔬菜拉秧后将棚室内作物的病残体清除干净,避免将带病菌的枯枝残叶翻入土壤底层。二是深翻土壤 25~30 厘米,并可结合深翻施入底肥,同时撒施石灰氮。三是闷棚期间要保持大棚的密闭性,确保棚内保持较高温度。四是根据栽培作物情况及其相应病菌的抗热能力来确定高温闷棚的时间,一般闷棚时间要在 7 天以上。②沟施秸秆。一是顺棚室定植沟挖 60 厘米×60 厘米左右的深沟,开沟后施入经充分晾晒的作物秸秆(每亩约需秸秆 3000 公斤)和菌种,并搭配少量尿素,用土填平、覆盖地膜,灌水沉实后定植蔬菜。二是应用秸秆生物反应堆技术,可采用内置、外置及内外置相结合的方式。

三、节水降湿灌溉

节水降湿灌溉技术就是通过应用膜下沟灌、滴灌和喷灌等节水灌溉技术,实现节水、降湿、高产,应用该项技术不仅节约水资源,提高水资源利用率和生产效率,还可有效降低棚室湿度,实现水肥一体化,减少蔬菜病害的发生,是蔬菜节本增效和提高蔬菜产品质量的一项关键技术。

技术要点:目前,主推的蔬菜节水灌溉技术主要有膜下沟灌、膜下微灌、膜下滴灌和喷灌四种方式。其中,除喷灌主要适用于露地蔬菜生产外,其他三种灌溉方式既适于设施蔬菜生产,也适于露地蔬菜生产。膜下沟灌是在蔬菜起垄定植的基础上,在两小行之间覆膜，在膜下沟中进行灌溉。此种灌溉方式投资最少，操作简单，每亩可比传统畦灌节水30%以上；膜下微灌是在蔬菜作物行间铺设微灌、微喷软管，管上覆膜，软管上设有出水口，水在一定压力下微流或微喷在作物根部进行灌溉。此种灌溉方式一次性投资较少，每亩比传统畦灌节水50%以上；膜下滴灌是将水加压、过滤，通过低压管道送达滴头，在滴灌管（带）上覆盖地膜，水以点滴方式滴入作物根部，同时还可将肥料加入滴灌系统实现肥水同灌。此种灌溉方式一次性投资较高，但节水、节肥、省工效果明显，每亩比传统畦灌节水70%以上，节肥30%以上；喷灌需配备动力机、水泵、管道等设备把水加压送到喷灌地段，通过喷头将水喷射到空中形成细小的水滴后均匀散落田间，主要用于露地叶菜的灌溉，可比畦灌节水30%～50%。喷灌不宜在白天温度高和风力较强时进行，防止水分蒸发过快和喷灌不均匀。

四、保花保果技术

保花保果技术就是根据不同蔬菜种类的生物学特性，而采取的促进蔬菜授粉、减少落花、提高坐果率的技术措施，促使蔬菜正常花器官形成和精品果实发育，从而提高产量及品质。目前生产中，重点推广熊蜂授粉、电动采粉授粉器、合理使用激素三项技术措施。

技术要点：①熊蜂授粉技术。熊蜂授粉就是利用熊蜂自然迁飞、采取花粉来完成蔬菜作物的授粉，具有省工省力、授粉率高、授粉均匀的特点，可以有效提高坐果率8%～9%，增加产量15%～20%，促进果实提早成熟5～10天，还可大大降低空洞果和畸形果率。在应用中一要避免强烈振动或敲击蜂箱，防止熊蜂蜇人；二要合理使用农药，严禁施用具有缓效作用的杀虫剂、可湿性粉剂、烟熏剂及含有硫磺的农药，防止熊蜂中毒。②电动采粉授粉器应用。电动采粉授粉器操作简单，采粉后可以一朵一朵地点授，也可以连续不断地大面积广授,同时喷粉量和喷射距离都可进行微动式调控,并且模拟大自然授粉方式,不会对花蕊造成直接的伤害,让花粉得到充分利用,工作效率是人工授粉的 8 倍以上,果型和口感更好,次果率大幅降低。③合理使用激素。一是要针对不同的蔬菜种类和品种选择适宜的植物激素并科学使用。坐果激素的使用通常采用涂抹法、蘸花法和喷雾法。要严格按照规定浓度使用激素,严禁过量施用激素或将激素喷染到叶片、芽等作物营养器官,避免产生毒害作用。二是要选择合理的蘸花时期。在蔬菜生长前期花少,要每隔 2～3 天蘸一次花,盛花期要每天或隔天蘸花,防止重复蘸花出现畸形果。三是要加强蔬菜坐果期的管理。在使用激素之后,要科学合理地追肥及加强管理,第一穗果使用坐果激素后,其他各穗果都应使用,避免第一穗果果实大量吸收养分,后面的果实得不到必要的养分,导致落花落果现象的发生;四是要严格遵守激素使用安全间隔期,在间隔期内严禁产品上市,确保蔬菜产品质量安全。

五、沼肥综合利用技术

沼渣和沼液含有丰富的有机质、腐植酸、氮、磷、钾和多种微量元素,是缓速兼备的优质有机肥,同时还含有抑菌和提高植物抗逆性的激素、抗生素等有益物质,用于防治蔬菜病虫害和提高作物抗逆性作用明显。推广蔬菜沼肥综合利用技术对改善蔬菜产品品质、发展循环农业具有重要作用。

技术要点:一是利用沼气灶或沼气灯燃烧后产生的二氧化碳作气肥,补充温室中二氧化碳的不足,满足蔬菜光合作用的需要,同时还可以为温室增温。沼气在燃烧前要经过脱硫处理,同时要控制好燃烧沼气开始的时间和燃烧的时间,阴天可将点燃时间适当延长。二是利用沼液沼渣作肥料,沼液沼渣必须从正常发酵 2 个月以上的池内取用。沼液可作叶面追肥,喷施叶面时需稀释并经纱网充分过滤，以不堵塞喷嘴为宜。喷施要以叶背面为主，喷施的时间要选择在晴天的早晨和傍晚。沼渣可用作底肥和追肥，做底肥时要与秸秆、杂草、树叶等有机质进行堆沤腐熟后方可施用。三是利用经充分晾干的沼渣配制育苗基质或无土栽培基质。

六、病虫害生态防控技术

病虫害生态防控技术是指利用物理和生物的方式对蔬菜害虫进行诱杀、阻隔或利用天敌进行灭杀，杜绝病虫害传播发生的综合技术。集成推广病虫害生态防控技术，是减少化学农药使用、改善果实品质、保障产品质量安全简单而有效的手段，是实现蔬菜提质增效的重要途径。主推的病虫害生态防控技术主要有防虫网、诱杀虫板、杀虫灯、性诱剂和丽蚜小蜂应用技术，其中防虫网、诱杀虫板、丽蚜小蜂主要用于设施蔬菜生产，杀虫灯、性诱剂则主要用于露地蔬菜生产。

技术要点：①防虫网应用。目前主要用于设施蔬菜生产，通过对温室和大棚通风口、门口进行封闭覆盖，阻隔外界害虫进入棚室内危害，以减少病虫害的发生。防虫网也可用于对露地蔬菜进行搭架全覆盖的网棚生产。防虫网使用中，一是要根据不同的防治对象选择适宜的防虫网目数。如 20～32 目可阻隔菜青虫、斜纹夜蛾等鳞翅目成虫，40～60 目可阻隔烟粉虱、斑潜蝇等小型害虫。二是防虫网要在作物整个生育期全程严密覆盖，直至收获。②粘虫板应用。一是要根据诱杀的害虫种类选择适宜颜色的粘虫板。黄色粘虫板主要诱杀粉虱、斑潜蝇、蚜虫等害虫，蓝色粘虫板主要诱杀蓟马等害虫；二是粘虫板悬挂高度要高出植株顶部 20 厘米，一般情况下 25 厘米×40 厘米粘虫板每亩悬挂 20 块。三是粘虫板悬挂时间要在蔬菜苗期和定植早期无虫害时进行悬挂，以确保防治效果。四是设施中防虫网和粘虫板必须配套使用，以达到最佳防治效果。③杀虫灯应用。一是要确定适宜的防控范围，一般在菜田内以 80～120 米为诱虫半径设置杀虫灯；二是要选择合理的挂设高度，杀虫灯高度一般为接虫口离地 100～140 厘米，当防治对象为小菜蛾等飞行高度较低的害虫时，高度降低至 80～100 厘米；三是要适时开灯，一般在目标害虫开始羽化时挂灯，天黑后开灯 6～10 小时或根据虫情开关灯。④性诱剂应用。一是根据不同防治对象选择使用；二是性诱剂要在害虫发生早期、虫口密度较低时开始使用；三是要及时更换诱芯和适时清理并深埋诱捕器内的死虫，一般诱芯一个月更换一次；四是要根据蔬菜面积大小，设置合理数量的性诱剂及诱捕器。⑤丽蚜小蜂应用。丽蚜小蜂是蚜虫、白粉虱等害虫的天敌。应用丽蚜小蜂，一是要控制好温室的温度和湿度，营造丽蚜小蜂最佳的生长环境，确保丽蚜小蜂最长寿命；二是要确定好放蜂量，一般每 1000 头尚未羽化出蜂的"黑蛹"可供 30～50 平方米温室防治白粉虱，放蜂量以每株作物 5～10 头为宜；三是要在白粉虱发生初期释放丽蚜小蜂，保持寄生蜂与白粉虱种群之间低密度的平衡状态；四是合理使用农药，避免农药对丽蚜小蜂造成伤害。

七、产品提档升级技术

产品提档升级技术，就是要树立精品菜栽培理念，从品种选择到提质栽培再到分等定级各个环节严格控制，确保蔬菜高品质、高效益。

技术要点：一是选择适宜发展的高档蔬菜品种。外观好、品质优、抗逆性强的品种是生产高档蔬菜的基础。要根据当地生产实际和市场需求，适量发展串收番茄、彩椒、水果黄瓜、串铃冬瓜、奶白菜等精特菜品种，实行农超对接，提高种植效益。二是大力推广果实套袋技术。果实套袋可以有效防止农药对蔬菜产品的污染，可操作性强，是生产高档蔬菜的直接有效方法。对适宜套袋栽培的果菜类蔬菜，要根据品种特征特性选择适宜大小和材质的塑料薄膜袋,确定最佳的套袋时期和采摘时期,保持袋内果实通风透光良好,严禁农药直接喷施到果实上,确保产品质量和品质。三是推广应用基质栽培技术。蔬菜基质栽培技术可以有效避免土壤连作障碍,具有省工省力、省水省肥等特性。要根据不同蔬菜种类的栽培特性,合理利用本地资源,科学配制营养基质,及时追肥补充营养,以保障植株生长所需养分。四是大力实施蔬菜产品分等分级。蔬菜产品分等分级就是按照蔬菜产品的健全度、硬度、整洁度、大小、重量、色泽、形状、成熟度、杂质率、病虫害和机械损伤程度等把产品分成若干等级,制定出各等级的标准,并按不同标准分别包装、分别销售。等级高的蔬菜产品纳入到高档蔬菜,以获得较高收益。

第七节 设施蔬菜灾害天气应对技术

灾害天气应对技术是指通过采取调节作物生长方式或调整设施管理的方法,避免或减少暴雪、强风、暴雨、连阴雾等极端灾害性天气给设施蔬菜带来的损失。

技术要点:①高质量覆盖保温覆盖物。夜间温室内最低气温降至15℃时,及时安装保温覆盖物,采用四层防雨牛皮纸被加草苫(5公斤/平方米)加塑料薄膜(或彩条布)进行保温覆盖。②张挂反光膜。冬季在距日光温室后墙5厘米处张挂1米左右宽的镀铝镜面反光膜,能大大改善栽培畦中北部作物的光、温条件。③科学运筹肥水。冬季要严格用水的管理,在外界最低气温低于－15℃的季节,一般不浇水;在最低气温高于－10℃季节,选择晴天浇透水,覆盖地膜保墒;蔬菜缺水时,应选寒流刚过、晴朗的天气,采用膜下滴灌或膜下沟灌浇小水。深冬季节尽量少进行土壤追肥,但可适当进行叶面追肥,一般可叶面喷施0.3%的磷酸二氢钾＋0.3%的硝酸钙＋1%的葡萄糖液;冬末春初天气转暖后,适当增加浇水和施肥次数。④强化控湿防病。深冬或持续低温雨雪天气,温室内空气湿度大,易诱发病害,应在中午短时间通风排湿,以预防病害发生;需特别注意室内15℃～25℃温度范围空气相对湿度控制在90%以下。发病后可选用烟雾剂、粉尘剂防治。⑤适当控制结果。持续低温雨雪天气,植株生长发育弱,要及早采收果实和适当疏花疏果,以免加重植株负担,使植株生育更弱,降低抗逆能力。天晴后,逐步转入正常管理。⑥加强大风防范。扣膜时,用专用压膜线扣紧压牢棚膜;傍晚盖苫后,按东西向压两根加布套的细钢索,防止夜间草苫(连同外覆膜)吹起;大风天,将通风口、门口密闭,避免大风吹入室内、吹破棚膜导致降温。⑦加强大雪防范。下雪前要在草苫上覆盖塑料薄膜,防止打湿草苫。事先准备备用立柱,如遇大雪,及时补充立柱,以防压塌温室;中小雪可在雪后清扫积雪,但大雪应随下随清扫积雪,防止积雪过厚压塌温室;及时清除温室周围的积雪,并清沟排水,预防融雪危害。⑧加强久阴乍晴后的管理。在连阴天结束后,要通过拉花苫缓慢提高棚室内温度,切忌同时、全部揭开草苫,导致闪苗,尽量不要浇水,可进行叶面施肥,补充营养,尽快恢复植株长势。选用促根药剂进行灌根,促使根系缓慢恢复。

第八节　蔬菜生产施肥用药

一、主要蔬菜千公斤产量吸收肥料的量

作物名称	氮（公斤/亩）	磷（公斤/亩）	钾（公斤/亩）	钙（公斤/亩）	镁（公斤/亩）
大白菜	2.4～2.5	0.87	4.1～4.5	2.5	0.5
甘蓝	2.99～4.5	0.99～1.2	4～5	3.3～4.5	0.7～0.8

续表

作物名称	氮（公斤/亩）	磷（公斤/亩）	钾（公斤/亩）	钙（公斤/亩）	镁（公斤/亩）
菜花	10.8～13.9	2.09～4.8	4.91～17.7	—	—
菠菜	2.48～5.4	0.86～1.4	4.6～6.9	1.3	1.6
芹菜	2～2.4	0.93～2.4	1.1～3.88	—	—
茴香	3.79	1.12	2.34		
油菜	2.76	0.33	2.06		
小白菜	1.61	0.94	3.91		
莴笋	2.08	0.71	3.18		
香菜	3.64	1.39	8.84		
番茄	2.7～3.54	0.6～0.95	3.89～5.1	2.2～2.4	0.5～0.9
茄子	3～4.3	0.7～1	4.49～6.6	1.2～2.4	0.3～0.5
甜椒	5.19	1.07	6.46	2.5	0.9
西瓜	2.47	0.89	3.02		
小萝卜	2.06	0.26	2.95		
水萝卜	3.09～3.5	1.1～1.91	4.4～5.8	1	0.2
胡萝卜	4.5	1.9	11.4	3.8	0.5
黄瓜	1.9～2.73	0.8～1.3	3.47～4	3.1～3.3	0.7～0.8
冬瓜	3	2.4～2.6	2.4～3	—	—
苦瓜	5.28	1.76	6.89		
西葫芦	5.47	2.22	4.09		
菜豆	3.37	2.26	5.93		
韭菜	3.69	0.85	3.13		
葱头	2.37	0.7	4.1		
大葱	2.1	0.5	2.4	1.6	0.2
蒜	5.06	1.34	1.79		
草莓	3.1～6.2	1.4～2.3	4～8.2	5.1	0.7
甜瓜	3	1.5	5.6		

二、蔬菜对肥料的吸收比例

蔬菜种类	氮	磷	钾	钙	镁
番茄	100	25	180	80	14
茄子	100	25	150	40	15
辣椒	100	20	130	40	32
黄瓜	100	35	170	120	—
南瓜	100	37.5	200	—	9
萝卜	100	39	135	43	7
胡萝卜	100	51	227	51	7
洋葱	100	39	112	45	—
大葱	100	24	114	68	9
菜豆	100	42.7	94.6	—	—
结球甘蓝	100	30	125	94	—

三、蔬菜生产农药使用注意事项

1.对症下药

根据防治病虫害种类，使用合适的农药类型或剂型。如扑虱灵对白粉虱若虫有特效，而对同类害虫蚜虫则无效；劈蚜雾对桃蚜有特效，防治瓜蚜效果则差；甲霜灵（瑞毒霉）对各种蔬菜霜霉病、早疫病、晚疫病等高效，但不能防治白粉病。在防治保护地病虫害时，为降低湿度，可灵活选用烟雾剂或粉尘剂。

2.适期用药

根据病虫害的发生危害规律，严格掌握最佳防治时期，做到适时用药。如蔬菜播种或移栽前，应采取苗房、棚室施药消毒、土壤处理和药剂拌种等措施；当蚜虫、螨类点片发生，白粉虱低密度时采用局部施药。一般情况下,应于上午浇水前用药,夏季下午用药。

3.取用适当浓度与药量

不同蔬菜种类、品种和生育阶段的耐药性常有差异,应根据农药毒性及病虫害的发生情况,结合气候、苗情,严格掌握用药量和配制浓度,防止蔬菜出现药害和伤害天敌情况,只要把病虫害控制在经济允许水平以下即可。如防治白粉病对于抗病品种或轻发生时只需粉锈宁每亩3~5克(有效成分),而对感病品种或重发生时则需每亩7~10克。另外,若运用隐蔽施药(如拌种)或高效喷雾(如低容量细雾滴喷雾)等施药技术,提倡不同类型、种类的农药合理交替和轮换使用,可提高药剂利用率,减少用药次数,防止病虫产生抗药性,从而降低用药量,减轻环境污染。

4.合理混配药剂

采用混合用药方法,达到一次施药控制多种病虫危害的目的,但农药混配要以保持原药有效成分或有增效作用,不产生剧毒并具有良好的物理性状为前提。一般各种中性农药之间可以混用;中性农药与酸性农药可以混用;酸性农药之间可以混用;碱性农药不能随便与其他农药(包括碱性农药)混用;微生物杀虫剂(如BT乳剂)不能同杀菌剂及内吸性强的农药混用。

5.确保农药使用的安全间隔期

最后一次使用农药的日期距离蔬菜采收日期,应有一定的间隔天数,防止蔬菜产品中残留农药。通常做法是夏季间隔至少为6~8天,春秋间隔至少为8~11天,冬季间隔则应在15天以上,而且蔬菜在食用前应充分漂洗。

四、农药药害

农药药害多数来自用药不当而使蔬菜产生的各种病态反应。蔬菜栽培中,特别是设施栽培时,由于湿度大、光照弱,加上土传病害日趋加重，需要经常喷药。用药时，可能由于用药不对，或时间不适、方法不妥、用药过晚、混配不当、浓度过大等原因发生药害，有时也有来自喷雾器内其他农药的残留，或前茬作物用药在土壤中的残留，或给其他作物用药飘移而来形成的药害。药害依其在用药后表现的时间，可分为急性药害和慢性药害。通常把施药后10天以内表现出症状的称急性药害，10天以后表现出症状的称慢性药害。急性药害主要症状有斑点、失绿、落花、落叶、落果或叶片畸形等；慢性药害主要症状有黄化、植株畸形、小果和劣果等。

（一）药害症状

种子出苗困难或根系受到伤害。使用药土进行苗床消毒，或用封闭型除草剂进行播后苗前除草时，如果用药量过大，或者种子周围及根际药液浓度太大，种子发芽或者出苗就可能受到严重影响，或者根系受到伤害，如根尖被烧伤，侧根稀少。同样，用含有国产代森锰锌复混配的农药如乙磷锰锌可湿性粉剂或甲霜灵锰锌灌根时，也会对根系产生抑制作用。另外，目前多数杀线虫剂都有抑制根系生长发育的不良现象发生。

1.叶片受到伤害

主要有：

①灼伤。喷用多菌灵可湿性粉剂药液，开始和即将结束时喷出的大药滴在黄瓜叶子上会形成乳白色的斑点。黄瓜苗期喷用乙烯利促进雌花分化时，如果浓度过大或高温时喷用，会造成叶缘枯干，继续发生的叶片缺刻消失类似杨树叶。同样，喷用其他农药的药液量大，药液在叶缘堆集时，也会出现叶缘被灼伤的现象。

②扭曲。黄瓜上喷用防落素防止落花落瓜时，会使黄瓜叶变小，茎变细，叶扭曲如同豇豆秧状；喷用激素或微量元素肥料浓度过大时，会使黄瓜硕大的叶片扭曲下垂；麦茬玉米播后喷用乙阿合剂除草时，随风飘逸的药液雾滴会使瓜类、豆类和辣椒等蔬菜的叶片出现扭曲皱缩等类似病毒病的症状。用来盛装2,4－D丁酯药

液给冬小麦田除草的喷雾器,如果用后不做严格清洗处理,再用来盛装其他农药给双子叶蔬菜或其他农作物防治病虫时,就会产生近乎毁灭性的药害。

③老化。温度高时喷用国产代森锰锌可湿性粉剂,或者喷后遭遇高温;黄瓜上连续喷用普力克水剂时,都会出现叶片老化的现象,而且老化的叶片很难恢复。

④局部皱缩或畸形。受到农药危害的黄瓜叶片往往会局部皱缩或畸形。局部的皱缩如同人体局部烫伤痊愈后的皱缩样。叶片畸形常见的是叶上卷如残缺不整的瓢形,这通常是药液积聚在幼叶叶缘造成不同程度灼伤后,叶片不均匀生长的结果。

2.植株矮缩畸形

生产见到比较典型的是用20%三唑酮500倍液防治韭菜灰霉病后,有人将剩余药液喷洒到下茬黄瓜苗上时,结果黄瓜苗节间几乎消失,变得如同甘蓝苗一样矮缩,始终长不起来。有人用三唑酮(粉锈宁)防治黄瓜白粉病,结果也出现植株矮缩的现象。喷用多效唑控制枝条徒长的桃园,在行间套种西葫芦,或改种西葫芦时,会发现因多效唑危害导致西葫芦节间缩短,叶片皱缩、变小、色浓,植株萎缩不长,其危害持续期可长达5～6年。前茬使用多效唑或矮丰灵的地块下茬种植茄子时,也会出现类似情况。

3.植株死亡

在苗期给黄瓜或韭菜喷用辛硫磷乳剂,或者误用盛装过茎叶除草剂没有做过处理的喷雾器向茎叶喷洒农药,就可能造成植株死亡或者茎叶干枯。

4.结果异常

用多效唑控制植株徒长时,虽然会使植株的茎叶的抽长生长受到有效控制,甚至出现植株明显矮化的现象,但同时也会使瓜条的抽长生长严重受到抑制,大大降低了品质。金棚一号等番茄品种对2,4-D等非常敏感,按常规浓度用药时,轻者大面积裂果,严重时果实僵化停留在萼片中，必须将使用浓度降为正常浓度的40%左右。

(二)药害与其他病害表现的不同

1.斑点型药害与其他生理性病害的区别

斑点型药害在植株上的分布往往没有规律性，全田表现有轻有重。其他生理性病害通常发生比较普遍，症状出现在植株上的部位比较一致。

2.斑点型药害与真菌性病害的区别

斑点型药害的斑点大小和形状往往变化大，没有明显的发病中心。真菌性病害的病点一般比较一致，且有明显的发病中心。

3.药害引起黄化与缺素症黄化的区别

药害引起的黄化往往是植株从黄化发展到枯叶，而且越是阳光充足症状发展越快。缺素症引起的黄化通常是在阴雨天出现，黄化速度比较慢，在全田表现得比较一致，通常较少出现枯叶。

4.药害黄化与病毒引起黄化的区别

病毒病引起的植株黄化往往是系统性症状，而且是病株与健株混生。

5.药害与病毒病引起的畸形的区别

药害引起的植株畸形一般有普遍性，在植株上表现为局部症状。病毒病引起的畸形株多是零星分布，常在叶片混有碎绿、明脉、皱叶等病状。

6.药害枯萎与侵染性病害枯萎的区别

药害引起的枯萎一般没有发病中心，病情发生过程迟缓，通常是先黄化后死株，根茎输导组织不发生褐变。侵染性病害引起的枯萎往往是根茎输导组织发生堵塞，在阳光充足蒸发量大时先发生萎蔫，数日后失绿，萎蔫不再恢复导致死株。死株的根基导管通常发生褐变。

7.药害引起生长缓慢与其他生理病害引起植株发僵的比较

药害引起植株生长缓慢时，往往植株上先发生药害斑或其他药害症状。而其他生理性病害引起的发僵往往表现有根系生长也差。缺素症引起植株发僵则多表现为叶色发黄或暗绿等。

(三)蔬菜发生药害的应急处理和补救

1.喷水淋洗

叶面喷用某些药剂后发生药害时，可立即喷用清水冲掉叶片上残留的农药，如果施用的土壤处理剂发生了药害，可以通过灌排水来降低药液浓度，减轻危害。

2.中和处理

先喷水冲掉叶片上残留的农药，而后再根据药剂的酸碱性进行中和处理：如果因为喷洒酸性农药发生药害，则可以喷洒石灰水溶液或小苏打 1000 倍液进行中和，使其分解，减轻药害。

3.缓冲处理

针对使蔬菜发生药害的药剂，选取相应的药物进行缓解。如喷洒硫酸铜产生药害时，则可喷洒 100～200 倍的生石灰水解毒。喷洒乐果发生药害时，可以喷用硼砂或硼酸 500 倍液进行缓解。因喷洒过量的叶面肥、激素或微量元素肥料，导致叶片卷曲下垂时，喷用白糖水 100 倍溶液可以较快恢复正常，但若任其自然恢复，则可以使瓜果类蔬菜结果明显增加。

目前用于解除药害的主要药剂有仙克、解毒壮苗剂一号、生命一号、天然芸苔素、复硝钠、蔬菜灵加植物多效生长素和惠满丰等。仙克和病毒 K(抗病威)对解除除草剂药害有较好效果。另外，在喷水淋洗的基础上，傍晚时分喷用细胞分裂素 1500 倍液和爱多收 6000 倍液混合液，或喷旺 1500 倍液、丰收一号 1000 倍液、福施壮 1000 倍液混合液，也可降低药害危害。

4.互抵处理

采用与农药药害作用相反的生长剂进行补救。如使用多效唑控制徒长时，可以喷用赤霉素（九二零）进行补救，因为前者是生长延缓剂，后者则是生长促进剂。用乙烯利促进黄瓜雌花分化时，如果药液浓度过高，也会有严重抑制生长的情况发生，轻微的药害可喷用赤霉素来解除。

5.追施速效肥

对轻微发生药害的蔬菜，可以通过喷用叶面肥，或者在根部冲施“冲施宝”等，来加速蔬菜作物的生长，减轻药害。

第九节　主要蔬菜标准化生产技术

一、黄瓜标准化生产技术

（一）育苗

根据栽培季节和方式可在露地、阳畦、塑料拱棚、温室育苗。

1.品种选择

抗病、抗逆性强、商品性状好、产量高。

2.种子处理

种子处理有四种方法，可根据病害任选其一：

①用50%的多菌灵按种子种量的0.3%拌种防治立枯、猝倒病，或选用相应的包衣种子。②用50%的多菌灵500倍液浸种1小时，或用福尔马林300倍液浸种1.5小时，捞出洗净催芽，防治枯萎病、黑星病。③把干种子置于70℃环境恒温处理72小时，经检查发芽率后浸种催芽，防病毒病、细菌性角斑病。④将种子用55℃的温水浸种10～15分钟，并不断搅拌直至水温降到30℃～35℃，再浸泡3～4小时。将种子反复搓洗，用清水冲净黏液后，晾干再催芽，防黑星病、炭疽病、病毒病、菌核病。

3.育苗准备

(1)床土消毒

有四种方法,任选其一:

①每平方米用福尔马林 30～50 毫升,加水 3 升,喷洒床土,用塑料膜密闭苗床 5 天,揭膜 15 天后再播种。②用 50%多菌灵可湿性粉剂与 50%福美双可湿性粉剂按 1∶1 比例混合,或用 25%甲霜灵可湿性粉剂与 70%代森锰锌可湿性粉剂按 1∶1 比例混合,按每平方米用药 8～10 克与 15～30 公斤细土混合,播种时 2/3 铺于苗床,1/3 盖于种子上。③太阳能消毒:在 7～8 月份高温季节,将土壤或苗床土翻耕后覆盖 20 多天,利用太阳能晒土高温杀菌的方法灭菌。④太阳能淹水法加添加剂消毒:在 7～8 月份高温季节,将苗床或棚室土壤表面按每亩撒施:石灰 100～150 公斤,炉渣 72～96 公斤,稻壳炒至黄褐色 10～12 公斤,麦糠或切碎的麦秸 250～300 公斤,腐熟的有机肥(鸡粪等)1000 公斤。翻地后将地边起垄 0.5 米高。为保温不漏气,整地块覆盖上塑料薄膜,只留下灌水孔,然后向内部土壤灌水,至土壤表面不再漏水为止,一次注水后不再注水。使温度达到 48℃以上,甚至 60℃以上。持续 15～20 天,能有效杀死多种病原菌和线虫。

(2)育苗器具消毒

对育苗器具用福尔马林 300 倍液或 0.1%高锰酸钾溶液喷淋或浸泡消毒。

4.播种

(1)播种期

日光温室秋冬茬 9 月上旬至下旬,冬春茬 1 月上中旬,冬茬 9 月下旬至 10 月上旬;大棚春茬 2 月上旬至下旬,秋延后 6 月下旬至 7 月中旬;露地春茬 3 月中旬至 4 月上旬,秋茬 6 月下旬至 7 月上旬。

(2)一般播种

在育苗地挖15厘米深苗床，内铺配制床土厚10厘米，浇水渗透后，上铺细土(或药土)，按行株距3厘米，上铺药土堆高2厘米，床上覆盖塑料膜。

(3)容器播种

将15厘米深苗床先浇透水，用直径10厘米、高10厘米的纸筒(塑料薄膜筒或育苗钵)，内装配制床土8厘米，上铺细土(或药土)，每纸筒内点播一粒种子，浇透水，上覆药土2厘米。

(4)嫁接苗的播种

用嫁接法的黄瓜比南瓜(南砧1号或云南黑子南瓜)早播种3天；用插接法的南瓜比黄瓜早播种3～4天。

5.苗期管理

(1)温度管理(见下表)

苗期温度管理

时期	适宜昼温(℃)	适宜夜温(℃)
播种至出苗	28～32	18～20
出苗至破心	25～30	16～18
破心至分苗	20～25	14～16
分苗至缓苗	28～30	16～18
缓苗至定植	20～25	12～16

(2)间苗

及时间掉病虫苗、弱小苗和变异苗。

(3)分苗

当苗子叶展平有1心时，在分苗床按行距10厘米开沟，株距10厘米座水栽苗。也可将苗栽在纸筒、塑料薄膜筒或育苗钵内。

(4)嫁接

靠接的,当黄瓜第一片真叶展开,南瓜子叶展平时嫁接;插接的,当黄瓜和南瓜均有一片真叶时嫁接,随即按行株距 12 厘米座水栽在分苗床上。

(5)分苗后管理

温室冬春茬、大棚早春茬如温度低可加扣小拱棚保温。缓苗后可挠划一次提高温度。不旱不浇水,显旱时喷水补墒。嫁接苗应立即覆盖小拱棚,起始 2～3 天棚室要盖花苫遮荫。在接口愈合 7～10 天期间,昼温由 22℃～28℃,逐渐提高到 25℃～30℃,夜温由 18℃～16℃逐步降到 16℃～14℃。空气湿度由 90%逐步降到 65%～70%。接穗长出新叶时,断接穗根,撤掉小拱棚。

(6)壮苗标准

株高 15 厘米左右,3 叶或 4 叶 1 心,子叶完好,节间短粗,叶片浓绿肥厚,根系发达,健壮无病,苗 35 天左右。

(二)定植(选择前茬为非葫芦科蔬菜的地块)

1.整地施肥

(1)一般栽培

基肥品种以优质有机肥、常用化肥、复混肥等为主;在中等肥力条件下,结合整地,露地栽培每亩施优质有机肥(以优质腐熟猪厩肥为例)5000 公斤、氮肥(N)4 公斤(折尿素 8.7 公斤)、磷肥(P_2O_5)6 公斤(折过磷酸钙 50 公斤)、钾肥(K_2O)2 公斤(折硫酸钾 4 公斤);保护地栽培每亩施优质有机肥(以优质腐熟猪厩肥为例)5000 公斤、氮肥(N)4 公斤(折尿素 8.7 公斤)、磷肥(P_2O_5)6 公斤(折过磷酸钙 50 公斤)、钾肥(K_2O)3 公斤(折硫酸钾 6 公斤)。

(2)棚室有机生态型无土栽培

按棚室面积 334 平方米或 667 平方米分别建 6 立方米或 10 立方米的沼气池。用炉渣、草炭、废棉籽皮(锯末)按 1∶1∶1 比例混合后每立方米加 20 公斤湿润沼渣,混合均匀后过筛作为无土栽培基质。在棚室内按槽间距 72 厘米用砖砌北高南低向栽培槽(或就地挖栽培槽),槽宽 50 厘米,深 18 厘米,槽底两边高、中间稍低呈钝角形,槽内铺 0.1 毫米厚聚乙烯农用膜,将基质装入槽内,配置滴灌系统即可进行无土栽培。

2.棚室防虫消毒

(1)设防虫网阻虫

在棚室通风口用 20～30 目的尼龙网纱密封,阻止蚜虫迁入。

(2)铺设银灰膜驱避蚜虫

铺设银灰色地膜,或将银灰膜剪成 10～15 厘米宽的膜条,挂在棚室防风口处。

(3)棚室消毒

每亩棚室用硫磺粉 2～3 公斤,加 80%敌敌畏乳油 0.25 公斤,拌上锯末,分堆点燃,然后密闭棚室一昼夜,经放风无味后再定植,或定植前利用太阳能高温闷棚。

3.定植时间、密度和方法

露地栽培应在晚霜后,棚室栽培夜间最低温度应在 12℃以上。按等行距 60～70 厘米或大小行距(80～90)厘米×(50～60)厘米,于苗行处做高垄,垄高 10～15 厘米,垄上覆地膜,棚室的垄与沟均覆地膜进行膜下灌溉。于垄上按 25 厘米行距挖穴座水栽苗,每亩栽苗 3500～4400 株。

(三)定植后管理

1.水肥管理

(1)浇水

定植后浇一次缓苗水,不旱不浇水。摘根瓜后进入结瓜期和盛瓜期需增加水量,根据季节、长势、天气等因素调整浇水间隔时间,每次都浇小水,并在晴天上午进行;遇寒流或阴雪天不浇水;有条件的可膜下滴灌;通过放风调节湿度。

(2)追肥

进入结瓜初期,结合浇水情况,隔两水追一次肥,结瓜盛期可隔一水追一次肥,开沟追施或穴施肥料,每次追施氮肥(N)2～3 公斤(折尿素 4.3～6.5 公斤);生长中期追施钾肥(K_2O)4 公斤(折硫酸钾 8 公斤)。

(3)叶面施肥

结瓜盛期用 0.3%～0.5%磷酸二氢钾和0.5%～1%的尿素溶液叶面施肥 2～3 次。

2.温湿度管理

棚室冬、春黄瓜生产,在早晨 8 时温度应为 10℃～12℃,如湿度超过 90%可放小风排湿,然后盖严提温,到温度上升到 30℃时,应放风降温排湿,保持相对湿度在 80%以下。当棚室温度达 26℃时,关风保温,到盖苫时温度逐步下降到 18℃。为了防止夜间湿度大结露,应在放苫后放风 1～2 小时,降低湿度,保证棚室最低温度不低于 10℃。达不到要求温度时,苗小时可加盖小拱棚,苗大时加盖天幕;日光温室加盖双苫或保温被,大棚四周可加盖群苫。连续阴天温度低时要控制防风、开门,有沼气可点燃沼气补温;短时揭花苫补充散光;防治病虫害用烟雾剂或粉剂。天气骤晴时,要及时叶面喷水或喷洒 0.5%的葡萄糖液,以免因根吸收滞后造成植株萎蔫。

3.植株调整管理

当植株高 25 厘米甩蔓时要拉绳绕蔓。根瓜要及时采摘以免赘秧;生长期短的秋冬茬或冬春茬,蔓长到顶部应打尖促生回头瓜;冬季一茬到底的要不断落蔓延长生长期;连阴时间长要将中等以上瓜摘掉,以保证植株正常生长。

4.生态控害

当发生霜霉病时,在准备闷棚的前一天,给黄瓜浇一次大水,次日晴天封闭棚室,将温度提高到 45℃,1.5～2 小时后放风,使室温下将,摘掉病老枯叶,浇一次水,隔4～5天再闷棚一次。

5.防治病虫害

各农药品种的使用要严格遵守安全间隔期。

(1)物理防治方法

黄板诱杀白粉虱、美洲斑潜蝇。用100厘米×20厘米的纸板,涂上黄漆,上涂一层机油,每亩30～40块,挂在行间,当板粘满白粉虱、美洲斑潜蝇时再涂一层机油。一般7～10天重涂一次。

(2)药剂防治虫害

黄瓜采摘前7天停止喷药,采摘前3天停止烟剂熏蒸。

①蚜虫。用22%敌敌畏烟剂,每亩用药500克,傍晚闭棚前点燃药剂,熏蒸一昼夜。或用10%吡虫啉可湿性粉剂1500倍液,或2.5%三氟氯菊酯乳油4000倍液,或3%啶虫脒乳油1000～1250倍液喷雾。

②温室白粉虱。用10%吡虫啉或3%啶虫脒可湿性粉剂1000～1500倍液喷雾。

③茶黄螨。用1.8%阿维菌素乳油3000倍液,或10%吡虫啉可湿性粉剂1000～1500倍液,或15%哒螨酮乳油1500倍液喷雾。

④美洲斑潜蝇。当每片叶片有幼虫5头时,在幼虫2龄前,用1.8%阿维菌素乳油3000倍液,或5%锐劲特悬浮剂,每亩用17～34毫升,加水50～75升,喷雾。

⑤根结线虫病。用1.8%阿维菌素3000倍液灌根,每株300毫升。或每亩用10%丙线磷(19%易收丰)颗粒剂1.25公斤在植株旁边扎眼均匀穴施。

(3)药剂防治病害

黄瓜采摘前3天停止用药。

①霜霉病。用5%百菌清粉尘剂或5%克露粉尘剂,每亩每次用1公斤,喷粉器喷施。或用45%百菌清粉尘剂,每亩110～180克,分放5～6处,傍晚点燃药剂闭棚过夜,7天熏一次,连熏3次。

或用72.2%普力克水剂800倍液,或72%克露可湿性粉剂800倍液,或27%高脂膜乳剂70～140倍液,或69%安克锰锌可湿性粉剂500～1000倍液,或72%克抗灵可湿性粉剂800倍液喷雾。

②细菌性角斑病。用50%琥胶肥酸铜可湿性粉剂(DT杀菌剂)400～500倍液,或77%可杀得可湿性粉剂500倍液,或72%农用硫酸链霉素可湿性粉剂4000倍液,或60%琥·乙磷铝(DTM)可湿性粉剂500倍液喷雾,3～5天喷一次,连喷2～3次。

③黑星病。用50%多菌灵可湿性粉剂500倍液,或2%武夷菌素(BO-10)水剂200倍液,或70%甲基托布津可湿性粉剂800倍液喷雾。在发病初期每5～7天喷一次,连喷3～5次。

④白粉病。用15%粉锈宁可湿性粉剂1500倍液喷雾,7～14天喷一次,共喷2次。或用27%高脂膜乳剂70～140倍液喷茎叶保护,7～14天喷一次,共喷3～4次。或用小苏打500倍液,3天喷一次,连喷4～5次。

⑤疫病。用72.2%普力克水剂800倍液喷雾。或用64%杀毒矾M8可湿性粉剂400～500倍液喷雾,或用100～200倍液涂抹病部。或用72%克抗灵可湿性粉剂800倍液,或72%克露可湿性粉剂800倍液喷雾。

⑥枯萎病。用50%甲基托布津可湿性粉剂,或50%多菌灵可湿性粉剂800～1000倍液喷雾。或用50%多菌灵可湿性粉剂500倍液喷雾。或用10%双效灵水剂300倍液灌根,每株灌药液0.25～0.5公斤,10天左右灌一次,连灌2～3次。在药液中加入生化黄腐酸,防效会明显提高。

⑦蔓枯病。定植成活后在地面喷洒75%百菌清可湿性粉剂和70%代森锰锌可湿性粉剂1∶1等量混合剂500倍液。或用75%百菌清可湿性粉剂600倍液,或70%代森锰锌可湿性粉剂500倍液喷雾,5～7天喷一次,连喷2～3次。茎部病斑可用70%代森锰锌可湿性粉剂500倍液涂抹。

⑧灰霉病。保护地优先选用粉尘法和烟熏法，露地采取烟雾法。粉尘法用6.5%万霉灵粉尘剂，每公顷15公斤(1公斤/亩)，喷粉器喷施，7天喷一次，连喷2～3次。或用50%农利灵可湿性粉剂1500倍液，或65%甲霜灵可湿性粉剂800～1500倍液喷雾，5～7天喷一次，连喷2次。

⑨菌核病。用50%速克灵可湿性粉剂1500倍液，或50%扑海因可湿性粉剂1000～1500倍液，或40%菌核净可湿性粉剂1000倍液，或60%防霉宝超微粉剂600倍液喷雾。

⑩病毒病。用5%菌毒清水剂400倍液，或0.5%抗毒剂一号水剂300倍液，或20%毒克星可湿性粉剂400～500倍液喷雾。隔7～10天喷一次，连喷2～3次。

(4)其他控害措施

①及时清除病虫叶、果和植株，将其深埋或烧毁。②定植缓苗后喷生化防腐酸生长调节剂，提高黄瓜抗旱、抗寒和抗病能力。③发病前喷无毒高脂膜或京2B(植物防病膜剂)50倍液，7～10天喷一次，喷3～4次，可防病增产。④用固体增产菌3号、4号100克/亩或液体菌剂100毫升/亩，按浸沾根苗所需的水量稀释，将根苗均匀沾上菌液，稍晾干后即可定植。也可用每亩所需水量稀释后于定植成活后喷雾，可增强植株抗病性。

(5)防治缺素症

喷有机叶面营养素防治缺素症。

二、番茄标准化生产技术

(一)育苗

1.育苗方式

根据栽培季节和方式可在露地、阳畦、塑料拱棚、温室育苗，加设酿热温床、电热温床及穴盘育苗。有条件的可采用工厂化育苗。露地育苗要备有防雨遮荫设施。

2.品种选择

选用优质、抗病、高产的品种。如:毛粉 802、佳粉 15、中杂 9 号、韩国秀光、荷兰凯、以色列 144、L402、美国大红等。

3.种子处理

有四种方法,可任选其一:

①先用清水浸泡种子 3～4 小时,再将种子放入 10%的磷酸三钠溶液中浸 20～30 分钟,捞出洗净后催芽(防病毒病)。②把干种子放入 70℃的恒温箱中,干热处理 12 小时(防病毒病、溃疡病)。③将种子在 55℃温水中浸泡 10～15 分钟,并不断搅拌使水温下降到 30℃时,继续浸泡 6～8 小时,再用清水洗净黏液(防叶霉病、溃疡病、早疫病)。④用福尔马林 300 倍液浸种 1.5 小时,用清水洗净后催芽播种(防枯萎病、早疫病)。

4.催芽

将处理好的种子用湿布包好,放在 25℃～30℃处催芽。每天用清水冲洗一次,每隔 4～6 小时翻动一次。2～3 天后 60%种子萌芽时,即可播种。如不能及时播种,可在 10℃处存放。

5.育苗床准备

(1)床土配置

选用近 3 年未种过茄科蔬菜的肥沃园土与充分腐熟过筛圈粪按 2∶1 比例混合均匀,每立方米加氮∶磷∶钾肥为 15∶15∶15 三元复合肥 2 公斤。将床土铺入苗床,厚度 10～12 厘米,或装入 10 厘米见方营养钵,码放在苗床内。

(2)床土消毒

有两种方法,任选其一:①每平方米用福尔马林 30～50 毫升,加水 3 升,喷洒床土,用塑料膜密闭苗床 5 天,揭膜 15 天后再播种。②用 50%多菌灵可湿性粉剂与 50%福美双可湿性粉剂按 1∶1 比例混合,或 25%甲霜灵可湿性粉剂与 70%代森锰锌可湿性粉剂按 9∶1 比例混合,每平方米用药 8～10 克与 4～5 公斤过筛细土混合，播种时 2/3 铺在床面，1/3 覆在种苗上。

(3)育苗器具消毒

对育苗器具用福尔马林 300 倍液，或 0.1%高锰酸钾溶液喷淋或浸泡消毒。

6.播种

(1)播种期

日光温室冬茬 7 月上中旬，秋冬茬 7 月中下旬，冬春茬 11 月中下旬；春大棚 12 月下旬至 1 月上旬；春露地 1 月下旬至 2 月上旬；棚室秋延后 6 月中下旬。

(2)播种方法

浇足底水，水渗后覆一层细土(或药土)，将种子均匀撒播于床面，覆细土(或药土)1～1.2 厘米。

7.苗期管理

(1)温度管理(见下表)

越冬茬苗期温度管理表　(单位:℃)

时期	适宜昼温	适宜夜温
播种至齐苗	25～30	15～18
齐苗至分苗前 1 周	20～25	14～16
分苗前 1 周至缓苗	25～28	15～18
缓苗后至定植前 1 周	18～22	14～16
定植前 1 周至定植	16～18	8～10

(2)间苗

分苗前间苗 1～2 次，苗距 3 厘米，及时间掉病苗、弱苗、小苗及杂苗。间苗后覆细土一次。

(3)分苗

幼苗 2 叶 1 心时分苗。按 10 厘米行株距在分苗床上开沟，座水栽苗，或直接分苗于10厘米见方营养钵内。

(4)分苗后管理

缓苗后锄划1～2次。不旱不浇水。定植前7天浇次水，2天后起苗囤苗。定植前3天喷NS83耐病毒诱导剂100倍液。

(5)壮苗标准

株高20厘米，茎粗0.6厘米，7～8片叶，叶色深绿并略显紫色，现蕾，根系发达，无病虫害。

(二)定植

1.整地施肥

露地栽培做宽1.2米、长5～8米畦，每畦栽2行；棚室栽培按大行距80厘米、小行距40厘米起半高垄，覆好地膜。

基肥品种以优质有机肥、常用化肥、复混肥等为主；在中等肥力条件下，结合整地每亩施优质有机肥（以优质腐熟猪厩肥为例）5000～6000公斤、氮肥(N)5公斤（折尿素10.9公斤）、磷肥(P_2O_5)6公斤（折过磷酸钙50公斤）、钾肥(K_2O)5公斤（折硫酸钾10公斤）。

棚室有机生态型无土栽培按棚室面积334平方米或每亩分别建6立方米或10立方米的沼气池。用炉渣、草炭、废棉籽皮（或锯末）1∶1∶1比例混合后每立方米加20公斤湿润沼渣，混合均匀后过筛作为无土栽培基质。在棚室内按槽间距72厘米用砖砌北高南低向栽培槽（或就地挖栽培槽），槽宽50厘米，深18厘米，槽底两边高中间稍低呈钝角形，槽内铺0.1毫米聚乙烯农用膜，将基质装入槽内配置滴灌系统即可进行无土栽培。

2.定植期

日光温室冬茬8月上中旬，秋冬茬8月下旬至9月上旬，冬春茬1月下旬至2月上旬；春大棚3月中下旬；春露地4月下旬至5月上旬；棚室秋延后7月下旬至8月上中旬。

3.密度

每亩为3000～4000株,行株距60厘米×(28～35)厘米。

4.方法

按行株距离开深10～12厘米沟,地膜覆盖的要挖穴,座水栽苗,覆土不超过子叶。

(三)定植后管理

1.蘸花保果

保护地和春露地栽培前期,当花序的第一朵花开放时,用浓度20～30毫克/公斤的防落素溶液喷花或用番茄丰产剂2号5毫升兑水0.75公斤蘸花。溶液中可加0.1%的50%多菌灵可湿性粉剂防灰霉病。

2.水肥管理

生长前期土壤见干见湿,进入果实采收期保持土壤湿润。

结合浇缓苗水每亩追施氮肥(N)3公斤(折尿素6.5公斤),第一穗果核桃大时结合浇水每亩追施氮肥(N)3公斤(折尿素6.5公斤)、钾肥(K_2O)5公斤(折硫酸钾10公斤)。第二、三穗果迅速膨大期开始,追肥3次,每次追施氮肥(N)2公斤(折尿素4.3公斤)。进入结果期,可于晴天傍晚叶面喷施0.3%～0.5%的尿素溶液或0.2%～0.5%的磷酸二氢钾。

采用有机无土栽培可随滴灌于生长前期施入电导率为1.96毫西门子的沼液,生长中后期追施电导率为2.52毫西门子的沼液(兑水20倍),每立方米沼液加入0.5公斤三元复合肥。

3.温湿度

温度管理(见下表)。

定植后温度管理表　(单位:℃)

时期	缓苗期		生长前期		生长中后期(结果采收)	
时间	白天	夜间	白天	夜间	白天	夜间
气温	25～30	14～16	20～25	12～14	25～28	14～16

各时期适宜的地温为 18℃～22℃。

湿度管理。生长前期空气相对湿度维持在 60%～65%,生长中后期维持在 45%～55%。

其他管理。采用无滴棚膜、高垄地膜覆盖、滴灌、膜下浇水、控制水量、及时放风等措施调节温湿度,使叶片不结露。当外界最低气温稳定在 12℃时,可昼夜放风。

4.植株调整

单干整枝。及时打掉侧枝,摘除下部老叶、黄叶。无限生长型根据栽培需要,留足果穗后,抹去顶芽。操作前要消毒净手。

5.病虫害防治

各农药品种的使用要严格遵守安全间隔期。

(1)物理防治

①银灰膜避蚜。覆盖银灰色地膜避蚜或用 10 厘米宽的银灰色地膜条,间距 10～15 厘米纵横拉成网状避蚜。②黄板诱杀白粉虱。10 厘米×20 厘米长方形纸板涂上黄色油漆,再涂一层机油,挂在高出植株顶部的行间,每亩 30～40 块。当黄板粘满白粉虱时,再涂一遍机油,一般 7～10 天重涂一次。

(2)药剂防治病虫害

①早疫病、晚疫病。用 45%百菌清烟雾剂,每亩 110～180 克,分放 5～6 处,傍晚点燃药剂闭棚过夜,7 天熏一次,连熏 3～4 次。或用 72%克露可湿性粉剂 400～600 倍液,或 72%克抗灵可湿性粉剂 800 倍液,或 72.2%普力克水剂 800 倍液喷雾,药后短时间闷棚升温抑菌,效果更好。

②灰霉病。浇催果水前或初发病后施药：用6.5%万霉灵粉尘，每亩每次用1公斤，7天喷一次，连喷3～4次。或用65%甲霉灵可湿性粉剂800～1500倍液，或50%农利灵可湿性粉剂1000倍液，或2%武夷菌素(BO-10)水剂100倍液喷雾，5～7天喷一次，视病情连喷2～3次。

③叶霉病。用47%加瑞农可湿粉剂800倍液，或1∶1∶200～250的波尔多液，或2%武夷菌素(BO-10)水剂200倍液喷雾，7天喷药一次，连喷2～3次。

④青枯病。病穴浇灌20%石灰水，每穴250毫升，或于发病初期用50%琥胶肥酸铜可湿性粉剂(DT杀菌剂)500倍液，或77%可杀得可湿性粉剂400倍液，或72%农用硫酸链霉素可溶性粉剂4000倍液灌根，每株300毫升，10天灌一次，连灌2～3次。

⑤病毒病。防治蚜虫，用3%啶虫脒乳油1000～1250倍液，或10%吡虫啉可湿性粉剂1500倍液喷雾。定植后14天、初花期、盛花期喷83增抗剂100倍液。或于发病初期用5%菌毒清可湿性粉剂400倍液，或0.5%抗毒剂水剂300倍液，或20%病毒A可湿性粉剂500倍液，或1.5%植病灵乳剂1000倍液喷雾，7～10天喷一次，连喷3～5次。

⑥溃疡病。喷洒14%络氨铜水剂300倍液，或77%可杀得可湿性粉剂500倍液，或1∶1∶200的波尔多液，或72%农用硫酸链霉素可溶性粉剂4000倍液，7天喷一次。

⑦棉铃虫。卵孵化盛期用BT制剂200倍液喷雾防治棉铃虫低龄幼虫。或用1.8%阿维菌素乳油3000倍液，或5%抑太保2000倍液喷雾。或当百株卵量达20～30粒时，并有50%卵变黑时，开始用50%辛硫磷乳油1000倍液，或50%辛氰乳油1000倍液喷雾，7天用药一次。

⑧温室白粉虱。用22%敌敌畏烟雾剂每公顷药量7.5公斤(1斤/亩)傍晚闭棚前点燃熏棚，密闭一昼夜。或用1.8%阿维菌素

乳油 3000 倍液，或 10%吡虫啉可湿性粉剂 1500 倍液喷雾。

6.清洁田园

及时摘除植株的病、老、黄叶和病果，拔除病株，在整枝、打杈前用磷酸皂水洗手，防止操作接触传染病毒病。

7.采收

果实进入转色期后，可根据市场需求及时采收。

三、茄子标准化生产技术

(一)育苗

1.育苗方式

根据栽培季节和方式可在露地、阳畦、塑料拱棚、温室育苗，加设酿热温床、电热温床及穴盘育苗。有条件的可采用工厂化育苗。

2.品种选择

选用优质、抗病、高产的品种。如：保护地栽培可用天津快圆茄、二茛茄、园杂二号、北京六叶茄等早熟品种，露地栽培可用紫光大圆茄、短把黑、茄杂二号等中晚熟品种。嫁接用砧木应选用根系发达、抗逆性强的野生茄，如：托鲁巴姆、野茄二号、赤茄等。

3.种子处理

有三种方法，可选其一：

①选用商品包衣种子。②先用冷水浸种 3～4 小时，再用 50℃温水浸种 0.5 小时，浸后立即用冷水降温，晾干后备用，或用福尔马林 300 倍液浸种 15 分钟，清水洗净后晾干备用，防褐纹病。③用 50%多菌灵可湿性粉剂 500 倍液浸种 2 小时，捞出洗净后晾干备用，防黄萎病。

4.催芽

将浸好的种子用湿布包好，放在 25℃～30℃处催芽。每天冲洗一次，每隔 4～6 小时翻动一次。4～6 天后 60%种子萌芽时，即可播种。

5.苗床准备

①床土配制。选用近几年没有种过茄科蔬菜的肥沃园田土和充分腐熟过筛圈粪按 2∶1 比例混合均匀，每立方米加 N∶P_2O_5∶K_2O 为 15∶15∶15 三元复合肥 2 公斤。将床土铺入苗床，厚度 10～15 厘米，或直接装入 10 厘米见方营养钵内，紧密码放在苗床内。②床土消毒。用 50％多菌灵可湿性粉剂与 50％福美双可湿性粉剂按 1∶1 比例混合，或 25％甲霜灵与 70％代森锰锌可湿性粉剂按 9∶1 混合，按每平方米用药 8～10 克与 4～5 公斤过筛细土混合，播种时按需部分铺在床面，部分覆在种子上。

6.播种

(1)播种期

春露地 1 月下旬至 2 月上旬；日光温室冬茬 8 月中下旬，冬春茬 12 月中下旬；嫁接苗接穗要比砧木晚播 15～20 天。

(2)播种方法

浇足底水，水渗后覆一层细土(或药土)，将种子均匀撒播于床面，覆细土(或药土)1～1.2 厘米。

7.苗期管理。

(1)温度(见下表)

苗期温度管理 (单位:℃)

时期	适宜昼温	适宜夜温
播种至齐苗	28～32	20～22
齐苗至分苗	25～28	16～18
分苗至缓苗	25～30	18～20
缓苗至定植前 7 天	25～28	16～18
定植前 7 天至定植	18～20	12～14

(2)间苗

分苗前间苗1～2次,苗距2～3厘米,嫁接用接穗苗距3～4厘米。间掉病苗、弱苗、小苗及杂苗。间苗后覆土。

(3)分苗

幼苗3叶1心(嫁接用砧木苗2叶1心)时分苗。按10厘米行株距在分苗床开沟,座水栽苗或分苗于10厘米见方营养钵内。

(4)嫁接

当砧木苗4～5片真叶,接穗苗3～4片真叶时,用靠接法嫁接。将接好的苗移栽到10厘米见方营养钵中浇透水,码放在分苗床内。

(5)分苗后管理

缓苗后锄划1～2次,床土见干见湿。定植前7天浇透水,2天后起苗、囤苗。起苗前用1.8%阿维菌素3000倍液喷雾一次。嫁接苗应立即覆盖小拱棚,保持棚内温度25℃～30℃,前3天每天要遮荫4～6小时,中午前后喷水雾1～2次,保持空气相对湿度90%以上。结合喷雾每3天喷一次爱多收6000倍液、75%百菌清可湿性粉剂500倍液。7天后可完全见光,10～12天后可撤掉小拱棚。有3～4片叶时定植。

(6)壮苗标准

株高20厘米,茎粗0.6厘米,7～9片叶,叶色浓绿,现蕾,根系发达,无病虫害。

(二)定植(前茬为非茄科蔬菜)

1.整地施肥

(1)一般栽培

露地栽培采用大小行,大行距70厘米,小行距50厘米。日光温室栽培采用大垅双行,垄高20厘米,宽60厘米,垄距宽行留30厘米走道,窄行留10厘米浇水沟,沟上覆盖地膜。

基肥品种以优质有机肥、常用化肥、复混肥等为主;在中等肥力条件下，结合整地每亩施优质有机肥（以优质腐熟猪厩肥为例）5000 公斤、腐熟饼肥 80～1000 公斤、氮肥(N)3 公斤（折尿素 6.5 公斤）、磷肥(P_2O_5)5 公斤（折过磷酸钙 42 公斤）、钾肥(K_2O)4 公斤（折硫酸钾 8 公斤）。

(2)棚室有机生态型无土栽培

按棚室面积 334 平方米或每亩分别建 6 立方米或 10 立方米沼气池。用炉渣、草炭、废棉籽皮（或锯末）按 1∶1∶1 比例混合后，每立方米加 20 公斤湿润沼渣，混合均匀后作为无土栽培基质。在棚室内按槽间距 72 厘米用砖砌北高南低向栽培槽（或就地挖栽培槽），槽宽 50 厘米，深 18 厘米，槽底两边高中间稍低呈钝角形，槽内铺 0.1 毫米聚乙烯农用膜，将基质装入槽内配置滴灌系统即可进行无土栽培。

2.定植期

春露地 4 月下旬至 5 月上旬，日光温室冬茬 9 月下旬至 10 月上旬，冬春茬 2 月下旬至 3 月上旬。

3.密度

每亩 2200～2700 株。

4.方法

按株距 40～50 厘米在垄上挖穴座水栽苗，覆土与子叶齐平。

(三)定植后管理

1.蘸花保果

棚室栽培用 2500～3000 倍液的防落素喷花。

2.水肥管理

浇过缓苗水后，中耕 2～3 次。土壤见干见湿。当门茄长到核桃大小时，结合浇水，追施氮肥(N)6 公斤（折尿素 13 公斤）、钾肥(K_2O)4 公斤（折硫酸钾 8 公斤）。以后每隔 10 天浇一次水，隔一水追肥一次，每次每亩追施氮肥(N)2～3 公斤（折尿素 4.3～6.5公斤）。盛果期，可用 1％尿素、0.5％磷酸二氢钾、0.1％膨果素的混合液叶面追肥 2～3 次。

3.温湿度管理

(1)温度管理(见下表)

定植后温度管理表

时期	缓苗期		生长前期		生长中后期(结果采收)	
时间	白天	夜间	白天	夜间	白天	夜间
气温(℃)	25～30	15～20	22～25	12～16	25～28	14～18

适宜的地温为 18℃～22℃。

(2)湿度管理

空气相对湿度要维持在 75%以下,采用浇水及放风等措施调节湿度。

4.植株调整

及时打掉门茄以下侧枝及植株下部老叶、病叶。

5.防治病虫害

各农药品种的使用要严格遵守安全间隔期。

(1)物理防治

黄板诱杀茶黄螨:将 100 厘米×20 厘米长方形纸板涂上黄色油漆,同时涂上一层机油,挂在植株顶部行间,每亩 30～40 块,每隔 10 天再涂一次机油或沾满螨时及时涂抹。

(2)药剂防治病害

①灰霉病。用 6.5%万霉灵粉尘剂 1 公斤/亩喷粉,隔 7 天再喷一次。发病初期,用 40%施佳乐悬浮剂 1200 倍液,或 75%百菌清可湿性粉剂 500 倍液喷雾,7～10 天喷一次,轮换使用,连喷 2～3 次。

②绵疫病。用 72.2%普力克水剂 800 倍液,或 65%代森锰锌可湿性粉剂 500 倍液,或 75%百菌清 600 倍液,或 58%甲霜灵锰锌

可湿性粉剂 400～500 倍液喷雾，7～10 天喷一次，轮换使用，连喷3 次。

③褐纹病。结果初期，用 75％百菌清可湿性粉剂 500 倍液，或 80％代森锰锌可湿性粉剂 600 倍液，或 50％琥胶肥酸铜（DT 杀菌剂）可湿性粉剂 400～500 倍液喷雾，7～10 天喷一次，轮换使用，连喷 3 次。

④黄萎病。用 50％琥胶肥酸铜（DT 杀菌剂）可湿性粉剂 350 倍液灌根，每株 0.3～0.5 公斤，连灌 3 次，或 12.5％敌萎灵 800 溶液喷雾或灌根。

⑤青枯病。用 72％农用硫酸链霉素可溶性粉剂 4000 倍液，或 50％琥胶肥酸铜可湿性粉剂（DT 杀菌剂）500 倍液，或 2％武夷菌素（BO-10）水剂 200 倍液喷雾，7 天喷一次，连喷 3 次。

⑥茶黄螨。用 1.8％阿维菌素乳油 3000 倍液喷雾，棚室也可用 22％敌敌畏烟剂，每公顷用药 7.5 公斤（500 克/亩），傍晚点燃，闷棚一昼夜。

（四）采收

门茄要早收，对茄要及时收，之后要根据市场需求采收。

四、青椒标准化生产技术

（一）育苗

1.育苗方式

根据栽培季节和方式可在露地、阳畦、塑料拱棚、温室育苗，加设酿热温床、电热温床及穴盘育苗。有条件的可采用工厂化育苗。露地育苗要有遮荫、防雨、防虫设施。

2.品种选择

选用优质、抗病、高产的品种，如：中椒 7 号、海花 3 号、冀椒 6 号及荷兰、以色列彩椒等。

3.种子处理

有四种方法,可根据病害任选其一:

①针对不同防治对象选用相应的商品包衣种子。②防治病毒病,将干种子放在烘箱内保存,70℃处理72小时,或用10%磷酸三钠溶液浸种20分钟,或用福尔马林300倍液浸种30分钟,或用1%高锰酸钾溶液浸种20分钟,然后用30℃的温水冲洗2次即可催芽。③防治疫病和炭疽病,用55℃温水浸种10分钟,再将种子放入冷水中冷却,然后催芽播种,或将种子在冷水中预浸6~15小时后,用1%硫酸铜溶液浸种5分钟,捞出后拌少量草木灰或消石灰,中和酸性再播种,或用50%多菌灵可湿性粉剂500倍液浸种1小时,或用72.2%普力克水剂800倍液浸种0.5小时。④对细菌性病害如软腐病、疮痂病用种子量0.3%的50%琥胶肥酸铜(DT杀菌剂)可湿性粉剂拌种,或用55℃温水浸种10分钟,或用1%硫酸铜溶液浸种5分钟。

4.催芽

把浸好的种子用湿布包好,放在25℃~30℃的条件下催芽。每天用温水冲洗一次,每隔4~6小时翻动一次,当60%以上种子萌芽时即可播种。

5.育苗床准备

(1)床土配制

选用3年未种过茄科蔬菜的肥沃园土与充分腐熟圈粪按2∶1比例混合均匀,每立方米加N∶P_2O_5∶K_2O比例为15∶15∶15三元复合肥2公斤。将床土铺入苗床内,厚度10~12厘米;或将床土装入8厘米见方营养钵内,紧密码放在苗床内。

(2)床土消毒

苗床土的消毒有两种方法,任选其一:①每平方米用福尔马林30~50毫升,加水3升,喷洒床土,用塑料膜密闭苗床5天,揭膜15天后再播种。②用50%多菌灵可湿性粉剂与50%福美双可湿性粉剂按1∶1比例混合，或25%甲霜灵可湿性粉剂与70%代森锰锌可湿性粉剂按9∶1比例混合，按每平方米用药8～10克与15～30公斤细土混合，播种时，药土2/3铺在床面，1/3覆在种子上。也可在播前床土浇透水后，用72.2%普力克水剂400～600倍液喷洒苗床，每平方米用2～4升。

(3)育苗器具消毒

对育苗器具用福尔马林300倍液或0.1%高锰酸钾溶液喷淋或浸泡消毒。

6.播种

(1)播种期

日光温室冬春茬11月中下旬，中、小拱棚12月下旬至1月下旬，保护地秋延后4月下旬至5月中旬，秋冬茬7月中下旬。

(2)播种方法

浇足底墒水，水渗后覆一层细土(或药土)，将种子均匀撒播于床面，覆细土(或药土)1～1.2厘米。

7.苗期管理

(1)温度管理(见下表)

苗期温度管理表 (单位:℃)

时期	适宜昼温	适宜夜温
播种至齐苗	25～32	20～22
齐苗至分苗	23～28	18～20
分苗至缓苗	25～30	18～20
缓苗至定植前7天	23～28	15～17
定植前7天至定植	18～20	10～12

(2)间苗

分苗前间苗1～2次，苗距2～3厘米，间掉病苗、弱苗、小苗及杂苗。间苗后覆细土一次。

(3)分苗

幼苗3叶1心时分苗。按8厘米行株距在分苗床上开沟,座水栽双苗或直接将双苗分栽在8厘米见方营养钵内。

(4)分苗后管理

分苗后锄划1～2次,保持床土湿润,环境温度超过28℃时放小风,在此期间叶面喷施0.05%～0.1%的锌一次。在苗4～5片真叶时用N_{14}+S_{52}弱毒株系100倍液兑少量金刚砂,用2～3公斤压力喷枪喷雾。或于定植前15天用NS－83增抗剂50倍液喷洒一次幼苗。定植前7天浇一次水,1～2天后起苗囤苗。

(5)壮苗标准

株高18厘米,茎粗0.4厘米,10～12片叶,叶色浓绿,现蕾,根系发达,无病虫害。

(二)定植(前茬为非茄科蔬菜)

1.整地施肥

(1)一般栽培

露地栽培做平畦或起半高垄,棚室栽培则按大小行做半高畦,大行距60～80厘米,小行距40厘米,畦间距1～1.2米,畦高10～15厘米。覆地膜。

基肥品种以优质有机肥、常用化肥、复混肥等为主。在中等肥力条件下,结合整地每亩施优质有机肥(以优质腐熟猪厩肥为例)5000公斤、氮肥(N)4公斤(折尿素8.7公斤)、磷肥(P_2O_5)5公斤(折过磷酸钙42公斤)、钾肥(K_2O)4公斤(折硫酸钾8公斤)。

(2)棚室有机生态型无土栽培

按棚室面积334平方米或每亩分别建6立方米或10立方米的沼气池。用炉渣、草炭、废棉籽皮(或锯末)按1∶1∶1比例混合后,每立方米加20公斤湿润沼渣,混合均匀后过筛作为无土栽培基质。在棚室内按槽间距72厘米用砖砌北高南低向栽培槽(或就地挖栽培槽),槽宽 50 厘米,深 18 厘米,槽底两边高中间稍低呈钝角形,槽内铺 0.1 毫米聚乙烯农用膜,将基质装入槽内配置滴灌系统即可进行无土栽培。

(3)棚室防虫消毒

①设防虫网阻虫。棚室通风口用 20～30 目尼龙网纱密封,阻止蚜虫迁入。②铺设银灰膜驱避蚜虫。地面铺银灰色地膜,或将银灰膜剪成 10～15 厘米宽的膜条,挂在棚室放风口处。③棚室消毒。每亩棚室用硫磺粉 2～3 公斤,加 80%敌敌畏乳油 0.25 公斤,拌上锯末,分堆点燃,然后密闭棚室一昼夜,经放风无味后再定植,或定植前利用太阳能高温闷棚。

2.定植

(1)定植期

日光温室秋冬茬 9 月中下旬,冬春茬 2 月上中旬,中小拱棚 3 月中下旬,春露地 4 月下旬至 5 月上中旬,棚室秋延后 7 月上中旬。

(2)密度

每亩 3800～4200 穴,行穴距(50～60 厘米)×(25～30 厘米),每穴双株。在平畦、半高垄、半高畦上按大小行距、株距要求错开挖深 10～12 厘米定植穴,座水栽苗,水渗后覆土不超过子叶。

(三)定植后管理

1.水肥管理

定植后浇一次缓苗水,中耕 2～3 次。平畦栽培要结合中耕培土。保持土壤湿润,露地栽培遇雨及时排水。

门椒座稳后,结合浇水每亩追施氮肥(N)3 公斤(折尿素 6.5 公斤)、钾肥(K_2O)2～3 公斤(折硫酸钾 4～6 公斤);第一次采收后结合浇水追肥 2 次,每次每亩追施氮肥(N)4 公斤(折尿素 8.7 公斤)。

在土壤缺乏微量元素情况下,现蕾至结果期喷施相应的微量元素肥料。

2.温湿度

(1)温度管理(见下表)

定植后温度管理表

时期	缓苗期		生长前期		生长中后期(结果采收)	
时间	白天	夜间	白天	夜间	白天	夜间
气温(℃)	28～32	18～20	25～28	16～18	25～30	18～20

适宜的地温为20℃～23℃。

(2)湿度

生长期间适宜的空气相对湿度为50%～75%。通过控制浇水及放风等措施调节湿度。

3.植株调整

定植后及时清除病叶,拔除重病株,病叶、病株带到田外深埋或烧毁。整枝、打杈等农事操作前用肥皂水洗手,防治传播病毒病。及时打掉门椒以下侧枝。生长中后期适当疏剪过密枝条。

4.病虫害防治

各品种农药的使用要严格遵守安全间隔期。

(1)物理防治

①银灰膜驱蚜。覆银灰色地膜防蚜虫或用10厘米宽银灰色地膜条,按间距10～15厘米纵横拉成网状避蚜。②黄板诱杀蚜虫和白粉虱。将废旧纤维板或纸板剪成100厘米×20厘米的长条,涂上黄色漆,同时涂一层机油,挂在行间或株间,高出植株顶部,每公顷挂450～600块(30～40块/亩)。当黄板粘满蚜虫和白粉虱时,再重涂一层机油,一般7～10天重涂一次。

(2)药剂防治病害

①青椒疫病。发病初期每亩用45%百菌清烟雾剂110～180克熏蒸,7天熏一次,视病情轻重熏3～4次。或每亩用5%百菌清

粉尘剂1公斤喷粉，7天喷一次，连喷2～3次。或用64%杀毒矾可湿性粉剂500倍液，或70%乙磷锰锌可湿性粉剂500倍液喷雾。中后期发现中心病株后，用50%甲霜铜可湿性粉剂800倍液，或72.2%普力克水剂600～800倍液灌根，每穴100～200毫升。

②青椒炭疽病。发病初期用50%混杀硫悬浮剂500倍液，或80%炭疽福美可湿性粉剂600～800倍液，或1∶1波尔多液200倍液，或75%百菌清可湿性粉剂600倍液喷雾，7～10天喷一次，共喷2～3次。

③青椒病毒病。早期(苗期)防治蚜虫：用10%吡虫啉可湿性粉剂1500倍液，或40%乐果乳油1000～2000倍液，或80%敌敌畏乳油1000倍液喷雾。

发病初期用20%病毒A400倍液或1.5%植病灵乳剂400～500倍液喷雾，7天喷一次，一般连喷3次。

④疮痂病。发病初期用72%农用链霉素可溶性粉剂4000倍液，或50%琥胶肥酸铜可湿性粉剂(DT杀菌剂)500倍液，或14%络氨铜水剂300倍液喷雾，7～10天喷一次，连喷2～3次。

⑤棉铃虫。当百株卵量达20～30粒时开始用药，用BT乳剂200倍液，或1.8%阿维菌素3000倍液，或5%抑太保乳油2500倍液，或50%辛硫磷乳油1000倍液，或80%敌敌畏乳油1000倍液，或10%联苯菊酯乳油3000倍液喷雾。

⑥白粉虱。用10%吡虫啉可湿性粉剂1000～1500倍液，或25%扑虱灵可湿性粉剂1000倍液，或3%啶虫脒可湿性粉剂2000倍液喷雾。

(四)采收

门椒、对椒要提早采收，防坠秧，盛果期可按市场需求及时采收。

五、菜豆标准化生产技术

(一)育种

1.品种选择

选用优质、抗病性强、适应性广、商品性好的品种,如:矮生种的地豆王1号、83－3、供给者等;蔓生种的绿龙、架豆王、保丰、白不老等。

2.种子处理

(1)干燥处理

将经过筛选的种子晾晒12～24小时,严禁曝晒。

(2)浸种

棚室栽培播种前用30℃温水浸种2小时,捞出播种,促其早出苗。露地菜豆要干籽直播,防止春季低温或夏季高温条件下烂种。

(3)增产剂处理

可用根瘤菌或钼酸铵(每公斤种子加2～5克),用少量水溶解后拌种。

(二)播种

1.播前准备(前茬为非豆科作物)

(1)整地施肥

露地种植作平畦,地膜覆盖和保护地种植也可采用半高畦,畦高10～15厘米。

基肥品种以优质有机肥、常用化肥、复混肥等为主;在中等肥力条件下,结合整地每亩施优质有机肥(以优质腐熟猪厩肥为例)3000公斤、氮肥(N)3公斤(折尿素6.5公斤)、磷肥(P_2O_5)6公斤(折过磷酸钙50公斤)、钾肥(K_2O)4公斤(折硫酸钾8公斤)。

(2)苗床消毒

用50%多菌灵可湿性粉剂500倍液均匀浇灌。

2.播种

(1)播种期

春茬4月中旬至5月中旬,秋茬7月上旬至8月上旬,日光温室春茬2月上旬至2月中旬。育苗移栽提前12～20天播种,用塑料营养钵或纸袋育苗。

(2)方法

按行穴距要求挖穴点播,每穴3～4粒种子,覆土3～4厘米,稍加踩压。播种时如土壤墒情不好,应提前2～3天浇水造墒后播种。

(3)密度

矮生种每亩为5000～5500穴,行穴距(40～45厘米)×30厘米;蔓生种每亩为2300～3000穴,行穴距(70～80厘米)×(30～35厘米)。

(4)棚室消毒

以下两种棚室消毒方法,可任选一种:

①用福尔马林50～100倍液,每平方米用药液1～1.5公斤,棚室密闭一昼夜之后放风,7～10天后定植。②用50%多菌灵可湿性粉剂500倍液,或50%福美双可湿性粉剂300倍液对棚室的土壤、屋顶及四周表面进行喷雾消毒。

(三)田间管理

1.苗期管理

出苗后至开花前的一段时间,一般不浇水,中耕除草2～3次,中耕要结合培土。发现缺苗要及时座水移栽补苗。蔓生种甩蔓搭架前,结合浇水追肥一次,每亩追施腐熟粪稀500～1000公斤,或埋施腐熟鸡粪200公斤。

日光温室苗期的适宜温度为白天20℃～25℃,夜间12℃～18℃。苗龄25～30天,2片复叶时,及时定植。

2.开花结荚期管理

浇水的原则是前期浇荚不浇花，以后保持土壤见干见湿。当第一花序嫩荚座住3～4厘米长时，结合浇水每亩追施氮肥(N)4公斤(折尿素8.7公斤)、钾肥(K_2O)1～2公斤(折硫酸钾2～4公斤)；进入开花结荚盛期，每亩追施氮肥(N)2公斤(折尿素4.3公斤)、钾肥(K_2O)1～2公斤(折硫酸钾2～4公斤)。蔓生种视生长情况还可追肥1～2次。此期可用0.2%磷酸二氢钾溶液，或2%过磷酸钙浸出液加0.3%硫酸钾等其他叶面肥，进行2～3次叶面追肥。

日光温室菜豆此期的适宜温度为白天22℃～26℃，夜间13℃～18℃。空气相对湿度65%～75%为宜。

3.植株调整

蔓生种甩蔓时要插架(可吊绳)，并及时引蔓上架。日光温室菜豆爬满架时，可摘除主蔓顶芽，促使侧枝生长、开花、结荚。及时摘除下部老叶、病叶，以利通风透光。

4.病虫害防治

各品种农药的使用要严格遵守安全间隔期。

(1)物理防病虫害

①铺设银灰膜驱避蚜虫。每亩铺银灰色地膜5公斤，或将银灰膜剪成10～15厘米宽的膜条，膜条间距10厘米，纵横拉成网眼状。②黄板诱杀蚜虫。在棚室内设置20厘米×25厘米规格的黄板，在板上涂10号机油(加少量黄油)，每20平方米设1块，设置于行间，与植株高度相平，隔7～10天重涂机油，诱杀温室白粉虱、蚜虫和美洲斑潜蝇。

(2)药剂防治虫害

①蚜虫。当秧苗蚜株率达15%时，定植后蚜株率达30%时，用10%吡虫啉可湿性粉剂5～10克/亩，或50%劈蚜雾可湿性粉剂2000～3000倍液喷雾。

②白粉虱。用22%敌敌畏烟剂熏蒸,用药量为0.5公斤/亩,于傍晚密闭棚室熏蒸。或在白粉虱数量不多时进行早期喷药,用10%吡虫啉可湿性粉剂1000倍液,或3%啶虫脒1500倍液喷雾。

③红蜘蛛。当点片开始受侵害时,以叶片背面为重点喷药。用1.8%阿维菌素乳油3000倍液,或15%哒螨酮乳油1500倍液喷雾,轮换使用药剂。

④豆野螟。在盛花期或2龄幼虫盛发期时喷第一次药,隔7天喷一次,连喷2～3次。一般在清晨花开放时喷药,喷药重点部位是花蕾、花朵和嫩荚,落在地上的花、荚也要喷药。用1.8%阿维菌素乳油3000～4000倍液,或80%敌敌畏乳油800～1000倍液,或BT乳剂加2.5%溴氰菊酯乳油按1∶0.1比例混合兑水800～1000倍液喷雾,同时兼治棉铃虫等其他鳞翅目害虫。

⑤美洲斑潜蝇。在产卵盛期至孵化初期,用1.8%阿维菌素乳油3000～4000倍液,或灭杀毙(21%增效氰马乳油)4000倍液,或15%锐劲特悬浮剂1000～1500倍液,或50%乐果乳油1000倍液喷雾。

⑥病毒病。发病初期,用20%病毒A可湿性粉剂300倍液,或1.5%植病灵乳剂1000倍液,或0.5%抗毒剂1号300倍液喷雾,10天一次,连喷3～4次。

⑦锈病。发病初期,用15%三唑酮可湿性粉剂2000倍液,或2.5%敌力脱乳油4000倍液喷雾,15天再防治一次。

⑧炭疽病。用45%百菌清烟雾剂熏棚室,每亩用药110～180克,分放5～6处,于傍晚点燃闭棚过夜,7天一次,连熏3～4次。或用50%硫菌灵可湿性粉剂800～1000倍液,或50%施保功可湿性粉剂2000倍液,或80%炭疽福美可湿性粉剂600～800倍液喷雾,7～10天喷一次,连喷2～3次。

⑨灰霉病。用6.5%万霉灵粉尘或速克灵粉尘喷雾,每公顷15公斤(1公斤/亩),6～7天喷一次,连喷3～4次。发病初期,用

40%施佳乐可湿性粉剂1200倍液，或50%速克灵可湿性粉剂600倍液喷雾，7～10天喷一次，连喷2次。

⑩枯萎病。零星发病时，用50%施保功可湿性粉剂1500～2500倍液，或50%多菌灵可湿性粉剂500倍液，或50%甲基托布津可湿性粉剂500～600倍液灌根，用药液0.25升/株。

⑪细菌性疫病。发病初期，用72%农用硫酸链霉素可溶性粉剂3000倍液，或77%可杀得可湿性粉剂500倍液喷雾，7～10天喷一次，连喷2～3次。

(四)采收

根据品种特点，嫩荚长到一定大小时，及时采摘，防止老化。

六、大白菜标准化生产技术

(一)育种

1.品种选择

春季选用抗逆性强、商品性好、耐先期抽薹的品种，如：阳春、建春、春黄等；夏季选用抗病性强、耐热、生长期短的品种，如：夏阳50、夏丰、春夏王等；秋季可根据市场需求选用生长期短的早熟品种，如：小杂56、早心白、津绿55等，或选用优质、抗病、高产、耐贮藏的中晚熟品种，如：津青9号、太原二青、冀菜5号、中白4号等。

2.种子处理

将种子放在50℃温水中浸种20分钟，并不停搅拌，捞出种子后晾干播种。或用种子量0.3%的35%瑞毒霉可湿性粉剂，或50%福美双可湿性粉剂拌种。

(二)播种(前茬为非十字花科蔬菜)

1.整地施肥

要求深耕细耙，无大坷垃。在中等肥力条件下，结合整地每亩施优质有机肥(以优质腐熟猪厩肥为例)5000公斤、氮肥(N)4公斤(折尿素8.7公斤)、磷肥(P_2O_5)6公斤(折过磷酸钙50公斤)、钾肥

(K_2O)6 公斤(折硫酸钾 12 公斤)。起 15～20 厘米高垄,沙土地和盐碱地宜做平畦。若播种前土壤过干,要造墒播种。

2.播种

(1)播种期

春季大白菜在阳畦或塑料拱棚内育苗,播种期为 3 月上旬至 4 月中旬;夏季大白菜播种期为 5 月中旬至 6 月中旬;秋季大白菜为 7 月下旬至 8 月中旬。夏秋季大白菜为等茬或套种也可提前 7～10 天在露地播种育苗。

(2)方法

条播或穴播,覆土 1～1.2 厘米,搂平压实。

(3)种植密度

春季大白菜每亩 2500～3000 株,行株距 60 厘米×(35～45 厘米);夏季大白菜每亩 3500～5000 株,行株距(40～50 厘米)×(33～40 厘米);秋季大白菜早熟种每亩 2500～4000 株,行株距 50 厘米×(33～50 厘米),中晚熟种每亩 1800～2700 株,行株距 60 厘米×(40～60 厘米)。

(三)田间管理

1.间苗、补苗、定苗

间苗。幼苗出土后,分别在拉十字和 4～5 片真叶,时间苗 2 次,拉开苗距,去掉病苗、弱苗和杂苗。

补苗。发现缺苗应及时补苗,越早越好,可采用芽苗移栽或座水栽苗。

定苗。早熟种 6～7 片叶,中晚熟种 8～9 片叶时,按株距要求定苗。

育苗的苗期管理:塑料拱棚内的适宜温度为 15℃～20℃,间苗 2 次,拉开苗距 8～10 厘米,苗龄 20～25 天。夏秋季育苗要防止床土过干,小水勤浇,腾茬后及时定植。

2.中耕、蹲苗

莲座前中耕2～3次，从浅到深。间苗后要及时中耕，结合培土，定苗后视生长情况，中晚熟种可蹲苗7～10天。

3.浇水施肥

水分管理应掌握苗期、莲座期土壤见干见湿，结球期保持土壤湿润的原则。播种后立即浇一水，有利于苗全、苗壮。收获前5天停止浇水。

在莲座期、结球始期结合浇水各追肥一次，每次每亩施入氮肥3公斤(折尿素6.5公斤)。同时在莲座期和结球期，可用1%磷酸二氢钾或1%尿素等其他叶面肥进行叶面追肥1～2次。结球期可用0.7%氯化钙和50毫克/公斤萘乙酸混合液喷雾2～3次，以促进结球和防止干烧心。

4.束叶

收获前10～15天束叶。

5.病虫害防治

各农药品种的使用要严格遵守安全间隔期。

(1)物理防治

黄板诱杀蚜虫。用60厘米×40厘米长方形纸板，涂上黄色油漆，再涂一层机油，挂在行间或株间，每亩30～40块，当黄板粘满蚜虫时，再涂一次机油。覆银灰色地膜或挂银灰色地膜条避蚜虫。

(2)药剂防治

①霜霉病。中心病株出现后，用40%三乙磷酸铝可湿性粉剂150～200倍液，或75%百菌清可湿性粉剂500倍液，或64%杀毒矾可湿性粉剂500倍液喷雾。在霜霉病和黑斑病混发区，可用40%乙磷铝可湿性粉剂200倍液，及50%扑海因可湿性粉剂1000倍液；或40%乙磷铝可湿粉剂200倍液，及70%代森锰锌可湿性粉剂500倍液喷雾。在霜霉病和白斑病混发区，可选用40%乙磷铝可湿性粉剂200倍液，及25%多菌灵可湿性粉剂400倍液喷雾。

隔7～10天喷一次,连续喷2～3次。

②黑斑病。发现病株及时喷洒75%百菌清可湿性粉剂500倍液,或50%扑海因可湿性粉剂1500倍液,或70%代森锰锌可湿性粉剂500倍液。

③病毒病。发病初期,用20%病毒A可湿性粉剂500倍液,或1.5%植病灵乳剂1000倍液,或83增抗剂100倍液喷雾,隔10天喷一次,连续喷2～3次。

④黑腐病。发病初期,用72%农用硫酸链霉素可溶性粉剂3000～4000倍液,或新植霉素4000倍液,或14%络氨铜水剂350倍液喷雾。对铜剂敏感的品种慎用。

⑤白斑病。发病初期,用25%多菌灵可湿性粉剂400～500倍液,或40%多硫悬浮剂800倍液,或50%甲基硫菌灵可湿性粉剂500倍液,或50%混杀硫悬浮剂600倍液喷雾,隔15天左右喷一次,共喷2～3次。

⑥软腐病。每亩用“丰灵”100～150克兑水50升喷雾进行预防,或用“丰灵”150～250克兑水100升沿菜根挖穴灌入,或在浇水时滴入农抗751,每亩2.5～5升。或用硫酸链霉素,或72%农用链霉素可溶性粉剂3000～4000倍液,或新植霉素4000倍液,或14%络氨铜水剂350倍液喷雾,隔10天喷一次,连续喷2～3次。对铜剂敏感品种慎用。或用菜丰灵100倍液灌根。

⑦菜蚜。用10%吡虫啉可湿性粉剂1500倍液,或3%啶虫脒,或50%抗蚜威可湿性粉剂2000～3000倍液,或40%氰戊菊酯乳油6000倍液喷雾。

⑧菜青虫。卵孵化盛期,用BT可湿性粉剂1000倍液,或用20%除虫脲或25%灭幼脲胶悬剂500～1000倍液喷雾。或用50%辛硫磷乳油1000倍液,或2.5%功夫菊酯5000倍液,或2.5%溴氰菊酯乳油3000倍液,或20%氰戊菊酯乳油2000～3000倍液喷雾。

⑨小菜蛾。卵孵化盛期,用BT可湿性粉剂1000倍液(约1亿

孢子/毫升),或5%抑太保乳油1500倍液,或5%锐劲特悬浮剂2500倍液,或1.8%阿维菌素3000倍液喷雾。

⑩甜菜夜蛾。用10%除尽乳油1500倍液,或52.25%农地乐1000倍液,或2.5%菜喜500倍液喷雾。

(四)采收

包心7~8成时,亦可采收,冬贮菜尽量晚收,但霜冻前必须采收。

第六章　沼气

第一节　沼气池的日常管理

沼气是利用人畜粪便、秸秆、污水等各种有机物质隔绝空气并在一定的温度、湿度、酸碱度等条件下，经过微生物发酵作用产生的一种可燃性气体，具有较高的热能。1 立方米的沼气，约可发出 5500～6500 千卡的热量(其热值相当于0.7公斤汽油或0.8公斤标准煤的热量)。1 立方米的沼气，能使 130 公斤的水从 20℃直至煮开，或使一盏亮度相当于 60～100 瓦电灯光的沼气灯照明 6 个小时左右。

沼气凭借“家居温暖清洁化、庭院经济高效化、农业生产无害化”的特点在我国农村得到广泛推广。沼气的使用减少了烟尘和有害气体的排放，有效解决了农村面源污染问题；沼气池在发酵处理过程中，人畜粪便中的病菌大量死亡，有利于净化环境、减少疾病的发生；沼渣沼液还能肥田，改善土壤，从而提高农作物产量——从入料到入田，沼气使用是废物循环利用的典型之例。

沼气池能否常年正常运行，持续不断地供应充足的沼气和沼肥，关键问题是对它进行科学的日常管理。经验告诉我们“三分建，七分管”。管理就是在发酵过程中需要注意控制和调整发酵条件，维持发酵产气的稳定性。

一、沼气池进料与出料

沼气池一般要在产气量高峰没有下降前加新料，即启动后 20 天，最迟不得超过 30 天，非三结合沼气池每 5～10 天进出料一次，每次加料量占发酵料液的 3%～5%，折合每天应加入料量为 20 公斤左右，人、畜(禽)粪便入池发酵。“三结合、四结合”沼气池，启动开始后就向池内加料，但应该对每天进料多少作估计，一般存栏 4 头猪或 1～2 头牛，再加粪尿入池发酵就可以满足需要。保持贮肥池中的料液掏出、使用。

二、沼气发酵原料分层与搅拌

(一)沼气发酵原料

发酵原料与沼气细菌不断均匀接触，细菌获得新的食料，才能保证正常发酵。

发酵原料分为四层：由上至下依次为：第一层是浮渣层。是一些难溶于水的原料，沼气细菌少，有机物得不到消化。如果浮渣太厚，还会结壳，影响沼气进入气室。第二层是上清液。原料浓度低，沼气细菌少。第三层是活性层，发酵浓度高，沼气细菌多，是产气的主要部分。第四层是沼渣层，含大量发酵残余物和部分活性污泥，能产生少量沼气。

(二)沼气发酵原料搅拌

沼气原料搅拌有三个好处：

①能使沼气池内发酵原料和细菌均匀分布，提高产气率。②可以打破上层结壳。③可以使沼气池内的温度均衡。

搅拌办法：第一种方法是用长柄的粪勺或者其他器具从沼气池进料管伸入发酵间，来回搅动数十次。第二种方法是从出料间舀出 10 桶沼液，向进料口冲入。第三种方法是用泥浆泵，从出料间向进料口抽液十几分钟。

三、沼气发酵原料浓度

沼气原料发酵浓度低，产气量少；发酵浓度高，造成料液酸化或液面形成硬壳。因此，适宜的发酵浓度应控制在 6%～10%。夏、秋季温度高，发酵浓度可低一些，一般为 6%～8%。冬、春季温度低，发酵浓度应提高到 8%～10%。

四、沼气发酵原料酸碱度

沼气细菌适宜在中性或微碱性的环境条件下生长繁殖。因此，沼气发酵原料 pH 值(酸碱度)应始终保持在 6.8～7.4 之间。

五、沼气池越冬管理

“三结合、四结合”沼气池入冬前，在畜禽舍上覆盖塑料薄膜或建设室温大棚。非“三结合、四结合”沼气池，进出料口要加盖，并在大于池体面积上也用塑料覆盖。禁止 10℃以下冷物入池。

六、沼气原料抑制物

沼气细菌接触到有害物质时就会中毒，轻者停止繁殖，重者死亡。各种剧毒农药，特别是有机杀菌剂、抗生素、驱虫剂、重金属化合物、盐类、电石、洗衣粉、洗衣服水等都不能进入沼气池。

七、安全管理

沼气池进、出料口要加盖，以防人、畜掉进去造成伤亡。

每口沼气池要安装压力表，经常检查压力表水柱变化。

严禁在沼气池出料口或导气管口点火，禁止在用气期间使用机械出料，以避免引起火灾或造成回火，致使池内气体爆炸。

经常检查沼气管道、开关、接头是否漏气，不用气时要关好开关。厨房如果有臭鸡蛋味，要关闭厨房门并断开电源，人暂时离去，待室内无味时再检修。

在大出料和维修沼气池时，先把活动盖和进、出料口盖揭开，清除池内料液，敞开盖 1～2 天，并向池内鼓风，排出残存的沼气，再用鸡、兔等小动物入池试验，如没有异常现象发生，在池外监护人员监护下方能入池。入池人员必须系安全带，在入池后有头晕、发闷的感觉时，应立即救其出池。

入池操作，可用防爆灯或者电筒照明，不要用油灯、火柴或打火机照明。

经实践，现将沼气发酵过程中遇到的故障检查症状、原因及处理方法总结见表，作为处理沼气发酵故障的参考。

沼气池故障检查表

症状	原因	处理方法
新装料不产气	1.接种物不足 2.水温低 3.料液浓度高	1.取出部分料液，加入正常产气一个月以上的沼液 2.加入晒热的水
开始产气很少或气压较高，但是燃烧不理想	1.料液浓度高，酸积累过多，甲烷菌活动能力受抑制 2.缺乏甲烷菌 3.料液温度低	1.排放池内气体，添加菌种 2.用适量的石灰水调和，使料液 pH 值在中性偏碱范围内
开始产气正常以后产气量逐渐下降或明显下降	1.未填新料 2.管道漏气 3.可能有有毒物质进入池内	1.填新料 2.检查、维修管路 3.中和有毒物质或大换料

续表1

症状	原因	处理方法
池内产气,表上无压力显示	1.导气管以上部位漏气 2.活动盖漏气 3.拱顶或池墙结合部位漏气	1.检查导气管以上管道部件及活动盖 2.检查拱顶及池墙结合部位,进行处理
压力表水柱上升很慢或者不再上升	1.沼气池有漏水的现象 2.发酵原料不足,产气少 3.发酵料液过酸或过碱	1.可用正负压测气比较来判断是漏气还是漏水 2.补充新鲜发酵原料 3.用 pH 试纸测试,调节 pH 值至 7 左右
开关未打开时压力表水柱上下波动	1.管道有漏气现象 2.同时管内也有积存凝结水	修理、调换有渗漏的管道部位,排除积水
压力表水柱高,一经使用水柱急剧下降,关上开关后又回升到位,火力弱	导气管堵塞或输气壁受压贴压在一起,使沼气难以导出	检查导气管,并及时疏导
打开开关,压力表水柱上下波动活力时强时弱	输气管内有凝结水,沼气流动不畅	排除管道内积水
压力低时,上升很快,以后愈上升愈慢,到一定高度就不再上升	1.漏气与压力成正比,压力低时,产气大于漏气,压力上升,到一定高度产气与漏气相平衡就不再上升了 2.零压水位低,当充满气箱时,发酵液与进料口相平时,沼气便从进出料口溢走 3.墙上半部有漏洞,当发酵液淹没漏洞时暂不漏气、水位下降,当漏洞部位露出时即漏气	1.检查气箱部位,对漏气处进行补修,再粉刷一次 2.增加发酵池内的原料及水分,升高池内水位,保持零压水位的稳定 3.检查漏气部位,进行修补、粉刷

续表 2.

症状	原因	处理方法
压力表高，水柱高，但使用效果差	1.沼气质量不纯，甲烷含量低，发热量小 2.池内水位高，气箱容积小 3.炉子漏气或进气孔阻塞	1.增加产气好的发酵原料，如牲畜粪便等 2.控制零压水位，增大气箱容积 3.检查炉具，修补漏处

第二节 沼气窒息中毒后的抢救

四川省人民医院和四川省化学研究所，对沼气窒息性中毒病人的抢救进行了一些研究，并拟定了以下措施：

①如发现人在沼气池内昏倒，而又不能迅速救出，则应采取各种办法向池内通风，尽快排除池内的沼气，切不可盲目下池抢救，造成连续多人同时发生窒息中毒事故。

②被抢救的病人要移放空气新鲜的地方，解开胸部纽扣和裤带，进行抢救，但要注意保暖，防止受凉。

急救处理方法

(一)痉挛的处理

1.冬眠灵、非拉根(复方氯丙嗪)

成人用量为每次各 25～50 毫克，儿童每公斤体重用 1 毫克，肌肉或静脉注射。

2.安定

成人用量为 10～20 毫克(助溶剂稀释到 2～4 毫升)，儿童每公斤体重用 0.04～0.2 毫克，缓慢静脉注射。如果治疗效果不太好，1 小时后可重复一次。

3.鲁米那钠

成人每次0.2克,儿童每公斤体重用10毫克,肌肉注射。

4.阿米妥钠

成人每次0.1～0.3克,儿童每公斤体重用5毫克,肌肉注射,或者缓慢静脉滴注。

(二)呼吸停止的处理

1.做人工呼吸

同时可做口对口呼吸,必要时做支气管插管人工加压呼吸。

2.山梗菜碱(洛贝林)

每次3～6毫克,肌肉或者静脉注射。

3.可拉明(尼可刹米)

每次肌肉或静脉注射0.375克。

4.回苏灵(二甲弗林)

肌肉注射一次8毫克,静脉注射一次用量16～24毫克。

(三)心律缓慢和心跳停搏等的处理

1.心律缓慢和心跳暂停可选用下列药物

①阿托品:每次注射0.5～2毫克,静脉注射。

②异丙荃肾上腺素:0.5～1毫克,加入500毫升的葡萄糖液中,静脉缓慢点滴,保持心率每分钟70次。

③乳酸钠20毫升或葡萄糖酸钙10毫升,静脉注射或心室腔内注射。

2.心跳停搏

①胸外心脏按压。

②1∶1000肾上腺素0.5～1毫升,心室腔内注射。

③1∶1000肾上腺素、异丙肾上腺素、去甲肾上腺素和阿托品各1毫升(四联针),心室腔内注射。

3.脑水肿

呼吸、心跳停止后,引起脑缺氧缺血而致脑水肿。一般用甘露醇脱水疗法，甘露醇每次每公斤体重用量 0.5～1.5 克，静脉快速滴注。

高能量合剂：促进神经细胞的恢复。三磷酸腺苷 20～40 毫克、细胞色素 C30 毫克、辅酶 A50 毫克，三者合并加入葡萄糖液中，静脉滴注。

第三节　户用沼气池大出料注意事项

沼气是一种含有甲烷、二氧化碳和少量一氧化碳、硫化氢的可燃、易爆、有毒的混合气体。沼气池每 1～2 年要进行一次大出料，大出料时操作不当极易发生人员中毒伤亡事故。在沼气池大出料时，要按以下规程进行操作：

大出料应当由从事沼气池维护工作的专业人员进行，并严格按照规定流程进行操作。

大出料应选择在初夏或初秋季节，温度相对较高时进行，在春季不宜过早，特别是不宜在冬季进行，以免沼气池重新启动困难。

大出料前 7～10 天应停止进料，并准备好新料。

大出料时，应保存 1/3 以上的料液，作为沼气池重新启动的接种物。

大出料时，严禁在沼气池周围点火吸烟，禁止使用明火，以防沼气池发生爆炸。

大出料时一定要关闭脱硫器前的调控开关，同时关闭灶具旋钮开关，以免空气倒吸进脱硫器而导致脱硫器高温燃烧。同时打开沼气池旁放气开关，待池内气体放尽后方可抽渣，以免沼气池产生负压损坏池子。

大出料一般采用抽取式，即用污泥泵从出料口抽取沼渣，户用沼气池严禁非专业人员采取打开活动盖的方法进行换料。

大出料前，沼气池产气使用不正常，或发生有漏水、漏气情况的，应结合大出料进行系统维修，经试水、试压，确定合格后方可重新加料启动。

专业人员下池出料或进行检修时，应注意如下几点：①下池前必须做动物试验。进入沼气池检修前，一定要揭开活动盖，将原料抽出到进料口和出料口以下，并设法向池内鼓风，促进空气流通。人下池前，必须把鸡、鸭等动物放入池内约 20 分钟，若反应正常，人方可下池。否则，要继续加强鼓风，直到试验动物活动正常时，人才能下池。②做好防护工作。下池时，为防止意外，要求池外有人照护，并系好安全带。入池人员如感到头昏、发闷、不舒服，要马上到池外休息。③池内严禁明火照明。不得携带明火和点燃的香烟，以防点燃池中沼气，引起爆炸。如需照明，可用手电筒或电灯。

第四节 沼气、沼液、沼渣的综合利用

沼气综合利用是指将沼气、沼液、沼渣(简称三沼)运用到生产过程中，降低生产成本，提高经济效益的一项技术措施。它是全国广大建池农户和无数科技人员历经几十年的探索研究出的技术结晶，是一套完善、具有中国特色的农业生产技术。

一、沼气综合利用发展概况

目前，不管是长城内外，还是大江南北；不管是深山老林，还是煤海油田，一个建沼气、用沼气的热潮持续稳步增长，全国 600 多万个建池农户，开展沼气综合利用项目已达到几十个，范围涉及种植业、养殖业、加工业、服务业、仓储业等诸多方面，在有些地区，沼气综合利用技术及好处家喻户晓、妇孺皆知。

"三沼"综合利用项目简介表

	种植业	养殖业	其他行业
沼气	塑料大棚增温、增二氧化碳	孵禽、幼禽增温、点灯诱蛾、养鸡、养鸭、养鱼、蚕房增温	储粮、柑橘保鲜、火补轮胎、沼气冰箱、沼气热水器、沼气喷灯、灭菌灯、金属焊接切割、医药化工原料、炒茶、烤烟、烘干、开汽车燃料、发电
沼液	浸种、叶面喷肥、农作物底肥、追肥、拌营养土配制土农药、保花保果剂、无土栽培母液、窖酒、生产食菌、配方滴灌	养鱼、养猪、养鸡、养鸭、养牛、养羊	养花卉、苗木生产
沼渣	种植粮、棉、油、菜、瓜、薯、橘、梨、葡萄、桃、李,育苗、育秧,生产食用菌	养鱼、养猪、养鳝鱼、养泥鳅、养蚯蚓	养花卉、苗木生产

二、沼气综合利用的基本原理

沼气发酵是由众多微生物参与的复杂生化过程。在沼气发酵过程中,几乎所有沼气发酵原料都被消化,一部分物质被转化为沼气、微生物菌体和代谢物,一部分被作为残渣而沉淀下来。沼液、沼渣中的大部分物质都是新生的,这就是沼液、沼渣与敞口池中粪水的根本区别。下表仅从氯素比较来说明问题。

沼气池发酵与敞口池沤制氮素转化及保存效果对比

	发酵原料	发酵时间	投入氮量(克)	氮回收量(克)	回收率(%)	回收铵态氮(克)	回收氨氮占全氮(%)
沼气池发酵	牛粪、稻草	3个月	5.5148	5.2585	95.35	0.435	8.27
敞口池沤制	牛粪、稻草	3个月	5.5148	4.4087	79.94	0.2005	4.55

沼液中,已经测出各类氨基酸、维生素、蛋白质、赤霉素、生长素、糖类、核酸以及抗生素等。这些物质都是综合利用的物质基础。例如:赤霉素可使种子提早发芽,某些核酸、单糖能增强作物的抗旱能力,某些游离氨基酸能增强作物抗冻能力,某些抗生素则能防治某些作物病虫害,多种氨基酸和微量元素添加到饲料中以弥补其不足,促进畜、禽增产等。

沼液肥分含量 (单位:毫克/毫升)

	全碳	全氮	全磷	全钾	铵态氮	速效磷	速效钾
样品数	135	133	74	75	74	78	78
最高含量	4.82	0.99	0.98	3.90	971	315	3900
最低含量	0.42	0.09	0.1	0.38	24	4.95	375
平均	2.03	0.39	0.37	2.06	295.5	73.32	1758.3

沼液中的氨基酸含量

必需氨基酸(毫克/升)	非必需氨基酸(毫克/升)
苏氨酸 5.42	天门冬氨酸 12.3
缬氨酸 12.7	丝氨酸 5.61
蛋氨酸 4.05	甘氨酸 8.07
赖氨酸 7.1	丙氨酸 6.56
苯丙氨酸 12.03	半胱氨酸 26.79
异亮氨酸 7.16	谷氨酸 14.01

引自《沼气生产利用技术》

沼液中的金属离子的含量

离子种类	含量	离子种类	含量
磷	43 毫克/升	锶	107 微克/升

续表

离子种类	含量	离子种类	含量
镁	97 毫克/升	镉	8.9 微克/升
硫	14.3 毫克/升	钼	4.2 微克/升
硅	37.4 毫克/升	镍	8.5 微克/升
钠	26.2 毫克/升	铝	2.83 微克/升
铁	1.41 微克/升	钡	50.2 微克/升
铜	36.8 微克/升	砷	3.06 微克/升

沼液中有机物含量

种类	B_{12}	B_{11}	蛋白质	纤维素酶	生长素	赤霉素
浓度	9.3 毫克/公斤	6.42 毫克/公斤	1.43 活力单位	7.65 活力单位	8.022 毫克/升	3.51 毫克/升

沼渣是由部分未分解的原料和新生的微生物菌体组成，它含有较多的沼液，真正的固体物含量在 20%以下，这是沼渣在综合利用过程中兼有沼液功效的原因。

沼渣成分

样品	有机质(%)	腐植酸(%)	全氮(%)	全磷(%)	全钾(%)
沼渣	36～49.9	10.1～24.6	0.78～1.61	0.39～0.71	0.61～1.3

沼渣由三种不同成分组成，发挥着三个不同的作用。

一是有机质、腐植酸，对改良土壤起着重要作用；二是氮、磷、钾等元素，满足作物生长需要；三是未腐熟原料，施入农田继续发酵，释放肥分，这就是沼渣肥迟速兼效的原因之一。

三、三沼(沼气、沼渣、沼液)的综合利用

(一)沼气的综合利用

1.沼气在日光温室中的应用

沼气在日光温室中应用,主要是通过沼气的利用进而提高温室内二氧化碳气体浓度,促进作物生长的技术。

主要使用技术:①在温室内燃烧沼气,每立方米沼气可获得0.98立方米二氧化碳。②沼肥施于土壤中被微生物继续分解释放二氧化碳。③于日光温室内建沼气池释放二氧化碳。据辽宁省锦州市气象科学研究所使用美国进口的 LI－6200 光合测定系统,所测得有沼气池运行的温室内二氧化碳浓度明显高于无沼气池运行的温室。有沼气的韭菜温室上午 9 时二氧化碳浓度达到 1150 微升/升左右,而无沼气的韭菜温室内二氧化碳浓度为 430～600 微升/升。

2.沼气在养殖上的应用

沼气在养殖上的应用,主要是将沼气在燃烧过程中所放出的热量实行人工控制,而满足禽卵孵化要求。目前可采用沼气孵化技术的除鸡外,还有鸭、鹌鹑等。沼气孵化具有操作简单、安全可靠、孵化率高、降低成本等优点。

主要使用技术:①孵化炉灶:建好沼气灶台,灶台要平整光滑、坚固安全,配置直径 57 厘米铁锅一口,锅下置沼气炉(最好是北京 4 型沼气炉),沼气输气管道规范合理,开关灵活、密闭。②孵化期加温管理:点燃沼气炉,炉火烧锅,锅温上升,提高孵化箱温度。加温后,孵化箱应实行 24 小时监控管理。(注意事项:如沼气不足时,一定要用其他能源补充。)

3.沼气储粮

沼气储粮是根据"低氧储粮"原理,利用沼气含氧量低的特性,将沼气输入粮仓而置换出空气,造成低氧环境,致使粮中害虫窒息

而死。它具有方法简单、操作方便、投资少、无污染、防治效果好等优点，既可以为广大农户所采用，又可在中、小型粮仓中应用。根据湖北宜都市实验表明：沼气储粮，除虫率可以达到98.8%。此外，使用沼气储粮，水分降低13.5%，温度降低38.5%，发芽率提高4.71%。

主要使用技术。①在密闭的粮仓内充入沼气，使仓内氧气含量由20%下降到5%以下，达到杀灭害虫的要求。②沼气中含有一定的水分，要求储粮前应将粮食尽量晒干，水分下降至13%以下。

(二)沼液的综合利用

1.沼液浸种

沼液浸种就是将农作物的种子放在沼液中浸泡后再播种的一项种子处理技术。由于该项技术简便、安全、效果好、不须投资，因而在农村迅速得到推广。由于沼液中含有多种活性、抗性、营养性物质，利用沼液浸种具有明显的抗病、壮苗、增产作用，实验表明：沼液浸种对根腐病、纹枯病、玉米大小斑病等具有较强的抑制作用，由于沼气池出料的水温一般稳定在8℃～16℃，pH值在7.2～7.6之间，有利于种子新陈代谢，因而沼液浸种芽齐芽壮，成苗率高，根系发达，长势旺，抗寒、抗病力强。

主要使用技术：①清理沼气池出料间：将出料间浮渣、沉渣尽量清除干净，以便沼液浸泡种子。②浸种：将绳子一端系在袋口，一端固定在池边，使种子处于沼液中部为好。有些浸泡时间较短的(12小时以内)可在容器中进行。③清洗：沼液浸种结束后，应将种子放在清水中淘净，然后播种、发芽。沼液浸种改变种壳颜色，但不影响发芽。④浸种时间：由于地区、墒情、温度的不同，浸种时间各地也可先进行一些简单的对比试验后确定，这里综合各地试验结果，供参考：

小麦沼液浸种：小麦沼液浸种适宜土壤墒情较好时应用，具体做法是在播种前一天进行，浸种时间12小时左右。清水洗净种子即可播种。若抗旱播种(土壤墒情差),则不必采用沼液浸种。

玉米沼液浸种:一次浸种12～16小时,清水洗净种子,晾干后即可播种。

棉花沼液浸种:包衣种不必采用沼液浸种,非包衣种一次浸14～18小时,浸时注意在种子袋内放块石头,以防种子袋浮起。

甘薯、马铃薯沼液浸种:一次4小时,也可盛入缸、桶容器中,取正常沼液浸泡,沼液超过上层薯面6厘米,浸种结束后,清水洗净,然后催芽或播种。

花生沼液浸种:一次浸泡4～6小时,清水洗净,晾干后即可播种。

瓜类、豆类浸种:一次浸泡2～4小时,清水洗净,晾干后播种或催芽。

注意事项:①作为沼液浸种的沼气池,一定要正常产气使用1个月以上,废池、死池的沼液不能浸种用。②浸种时间随地区、品种、温度差别,灵活掌握,浸种时间不可过长,以种子吸足水分为好。③沼液浸过的种子,都应用清水淘净,然后播种,或催芽育苗。④注意安全,池盖及时还原,以防人畜坠入池内。

2.沼液拌料喂猪

沼液中除了含有牲猪生长的8种必需氨基酸和8种非必需氨基酸外,还含有铜、铁、锌等微量元素。使用沼液拌料喂猪,是将沼液作为一种饲料添加剂,拌入猪饲料中,起到促进牲猪生长、缩短育肥期、提高饲料转换率、降低肉料比,达到增加收入的目的。沼液拌料喂猪能有效地解决广大农村猪饲料营养不完全问题。据湖北省14个试验材料,212头猪对比:喂沼液比喂“清水头”平日多增重35～129克,肉料比下降12.9%,缩短育肥期32天。同时发现:猪体重20～50公斤时增重明显,70公斤后有低谷,90公斤时效果又很明显。

技术要点:①选择正常产气并并能燃烧1个月以上的沼气池,

长期没有使用及废池中的沼液不能使用。②经常清理出料间或在出料间置入滤渣装置，以便随时提取出料口中层的纯净沼液。③确定牲猪重量及每餐需投喂的沼液量。④经常观察牲猪食沼液后有无异常现象，以便处置。

沼液用量：①以猪体重定日喂沼液量：育肥猪从20公斤开始，日喂沼液2公斤；40公斤重时，日喂沼液3公斤；60公斤时，日喂沼液4公斤；以后逐步减少。②以精饲料定日喂沼液量：这里所指的精饲料为不完全营养成分拌合料，若为完全营养配合饲料，则添加沼液效果不太明显。据试验，猪20公斤重时，每公斤饲料拌沼液1.5公斤，逐步增加到猪体重60公斤时，每公斤饲料添加沼液2.5公斤，以后逐步减少至每公斤饲料添加1.5公斤沼液。③沼液泡青饲料：以青饲料为主的地区，可将青饲料粉碎淘净放在沼液中浸泡2小时后直接饲喂。

注意事项：①饲喂沼液，有个适应过程，可采取先盛放沼液让其闻到气味，或者饿1～2顿，从而增加食欲，将少量沼液拌入饲料等等，3～5天后，即可正常进行饲喂。②严格掌握日饮沼液量，最好准备一个小瓢勺，称准重量，作为计量工具。如发现猪食沼液后拉稀，是因喂量偏大，可减量或停喂2天，待正常后，继续进行。③沼液拌料喂猪，只是解决广大农村牲猪饲料营养不完全的问题，故牲猪的防疫驱虫、治病等仍需在当地兽医的指导下进行。对种公猪及空怀母猪不宜采用此方法，否则增膘过快，会影响发情率和降低受胎率。④注意安全，池盖及时还原，以防人畜掉入，沼液喂猪期间，死畜、禽、有毒物不能进入该沼气池。

附：沼液养奶牛：将沼液与饲料按1∶1比例拌合，注意不要添加过多，以防腹泻。

沼液养蛋鸡：3份沼液与7份饲料拌合，可提高产蛋率7%～12%。

沼液养肉鸡：3份沼液与7份饲料拌，饲喂到90天后，可比不添加沼液的鸡重34%左右。

沼液拌料喂鸭:3份沼液与7份清水拌饲料,1个月可比用清水拌料的鸭子每只多增重25.5克。

沼液养羊:取洁净沼液,让羊自由饮用,早、晚各一次,每只羊每月可多增重3000克。

3.沼液叶面施肥

沼液经过充分腐热发酵,其中富含作物所需的多种营养物质(如氮、磷、钾),适宜作根外施肥,其效果比化肥好,作物生长季节都能进行,特别是当农作物以及果树进入花期、孕穗期、灌浆期、果实膨大期,喷施效果明显,对水稻、麦类、棉花、蔬菜、瓜类、果树都有增产作用,沼液既可单施,也可与化肥、农药、生长剂等混合施。叶面喷施沼液,可调节作物生长代谢,补充营养,促进生长平衡,增强光合作用能力,尤其是施用于果树,有利于花芽分化、保花保果、果实增重快、光泽度好、成熟一致、商品果率提高等优点。

技术要点:①沼液:取自正常产气1个月以上的沼气池,澄清、纱布过滤。②频率:7～10天施用一次。③时间:作物生长季节,晴天下午最好。④浓度:根据沼液浓度、施用作物及季节、气温而定,总体原则是:幼苗、嫩叶期1份沼液加1～2份清水;夏季高温,1份沼液加1份清水,气温较低,又是老叶(苗)时,可不加清水。⑤用量:每亩40公斤。

喷施举例:

①沼液喷小麦:浓度:1份沼液加1份清水。作用:增加实粒数,提高千粒重。

②沼液喷蘑菇:出菇后开始,每平方米用500克,沼液加1～2倍清水,每天喷一次,提高菇质,增加产量,增产幅度37%～140%。

③沼液喷西瓜:浓度:初伸蔓开始,每亩用10公斤沼液加入30公斤清水;初果期,每15公斤沼液加入30公斤清水;后期,20公斤沼液加入20公斤清水。作用:增强抗病能力,提高产量,有枯萎病

的地方，效果更显著。

④沼液喷葡萄：展叶期开始，至落叶前结束，7～10天施用一次。浓度：1份沼液加1份清水。效果：果实膨大一致，可增产10%左右，兼治病虫害。

⑤沼液喷棉花：全生育期均可进行，只是现蕾前沼液与清水比例为1∶2，现蕾后为1∶1，10天喷一次。效果：叶色厚绿，保花保铃，兼治红蜘蛛、棉蚜虫害。

注意事项：①沼液要澄清、过滤好，以防堵塞喷雾器。喷雾器密封性要好，以免溅、漏，弄脏身体。②沼液浓度不能过大，以1份沼液加1～2份清水即可。③喷雾时，以叶背为主，以利吸收。④喷雾时间：春、秋、冬季上午露水干后（约10时）进行，夏季傍晚进行为好，中午高温及暴雨前不要喷施。

4.沼液防治病虫害

沼液中含有多种生物活性物质，如氨基酸、微量元素、植物生长刺激素、B族维生素、某些抗生素等。其中有机酸中的丁酸和植物激素中的赤霉素、吲哚乙酸以及维生素B_{12}对病菌有明显的抑制作用。沼液中的氨、铵盐、某些抗生素对作物的虫害有着直接防治作用。沼液防治病虫害为广大建池农民在开展沼气综合利用过程中所发现，并经实践和科学实验所证实。沼液因其无污染、无残毒、无抗药性而被称为“生物农药”。

①沼液防治玉米螟。沼液50公斤，加入2.5%敌杀死乳油10毫升，搅匀，灌玉米心叶。

②沼液防治蔬菜蚜虫。每亩取沼液30公斤，加入煤油50克、洗衣粉10克，喷雾。也可在晴天温度较高时，直接泼洒。

③沼液防治麦蚜。每亩取沼液50公斤，加入乐果2.5克，晴天露水干后喷洒，若6小时内遇雨，则应补治一次。蚜虫28小时后失活，40～50小时死亡，杀灭率94.7%。

(三)沼渣的综合利用

1.沼肥种梨

梨在我国南北方已广泛种植,由于其营养生长与生殖生长同时进行,且生长期集中在3~11月,因此,加强水肥管理,是优质高产的关键。沼肥以其富含氮、磷、钾、腐植酸、多种微量元素及具有迟速兼效的肥料功能,非常适合梨树生长需要。沼肥种梨,花芽分化好,抽梢一致,叶片厚绿,果实大小一致、光泽度好、甜度高,树势增强;能提高抗轮纹病、黑心病的能力;提高单产3%~10%,节省商品肥投资40%~60%。

主要使用技术:①幼树:生长季节,可每个月施用一次沼肥,每次每株施沼液10公斤,其中春梢肥每株应深施沼渣10公斤。②成年挂果树:以产定肥,基肥为主,按每生产1000公斤鲜果需氮4.5公斤、磷2公斤、钾4.5公斤要求计算(利用率40%)。③基肥:占全年用量的80%,一般在初春梨树休眠期进行,方法是在主干周围开挖3~4条放射状沟,沟长30~80厘米、宽30厘米、深40厘米,每株施沼渣25~50公斤,补充复合肥250克,施后覆土。④花前肥:开花前10~15天,每株施沼渣1担(50公斤)加尿素50克,撒施。⑤壮果肥:一般施用两次,一次在花后1个月,每株施沼渣20公斤(或沼液50公斤),加复合肥100克,抽槽深施。第二次在花后2个月,用法、用量同第一次,并根据树况、树势有所增减。⑥还阳肥:根据树势,一般在采果后进行,每株施用沼渣20公斤、尿素50克,根部撒施。还阳肥要从严掌握,控好用肥量,以免引发秋梢、秋芽生长。

注意事项:梨属于大水大肥型果树,沼肥虽富含氮、磷、钾,但对于梨树来说,营养成分还是偏少。因此,沼肥种梨需补充化肥或其他有机肥。如果有条件实行全沼肥种梨,每株成年挂果树,需沼渣250~300公斤(鲜沼渣占60%)。

沼肥种梨若与叶面喷沼液结合,效果更好。

2.沼肥养鱼

沼肥养鱼是将经沼气池充分腐熟发酵后的残留物,即沼渣、沼液施入鱼塘,为水中的浮游动、植物提供营养,增加鱼塘中浮游动、植物产量,丰富滤食性鱼类饵料的一种饲料转换技术。沼肥养鱼有利于改善鱼塘生态环境。据湖北黄冈能源中心连续 6 年试验,沼肥与未经腐熟的人粪尿比较,水体含氧量提高 13.8%,水解氮量提高 15.5%,铵盐含量提高 52.9%,磷酸盐含量提高 11.8%。因而,使浮游动植物数量增长 12.1%,重量增长 41.3%。从而使白鲢增产 36.4%,花鲢增产 9%。据湖北仙桃市越舟湖渔场 3 年对比,沼肥养鱼可增产 12%,提高优质鱼比例 13 个百分点。沼肥施入鱼塘,不再发酵,降低了泛溏死鱼的可能性,同时能减轻锚头鳋、中华鳋、赤皮病、烂鳃、肠炎等常见病、虫的危害。

主要使用技术:①基肥:一般在春季清塘、消毒后进行,每亩施沼渣 150 公斤,或沼液 300 公斤,均匀撒(洒)施。②追肥:4～6 月,每周每亩施沼渣 100 公斤,或沼液 200 公斤;7～8 月,每周每亩施沼液 150 公斤;9～10 月,每周每亩施沼渣 100 公斤或者沼液 150 公斤。③施肥时间:晴天上午 8～10 时施肥最好;阴雨天气,光合作用弱,生物活性差,需肥量少,可不施;有风天气,顺风泼洒;闷热天气、雷雨来临之前不施。

注意事项:①沼肥养鱼适用白鲢为主要品种的养殖塘,其混养优质鱼(底层鱼)比例不超过 40%。②若为专业的养鱼户,可采用湖北省枝江市设计的猪沼鱼配套专用全自动沼气池。③水体透明度大于 30 厘米时,说明水中浮游动物数量大,浮游植物数量少,施用沼肥可迅速增加浮游植物的数量。办法是:每两天施一次沼液,每次每亩 100～150 公斤,直到透明度回到 25～30 厘米后,转入正常投肥。

3.沼渣栽培蘑菇

沼渣富含营养物质,且养分全面、质地疏松、保墒性能好、酸碱度适中。沼渣中的有机质、腐植酸、粗蛋白、氮、磷、钾以及各种矿物质,能够满足蘑菇的生产要求,是人工栽培食用菌的优质培养料。

沼渣使用技术:①播种前,趁天晴将沼渣推薄曝晒,陡除未腐熟好的长残渣。曝晒时间应依据沼渣湿度,以手紧捏指缝有水而不下滴为宜。经处理的沼渣,按其重量加入1%熟石膏粉、1%过磷酸钙及0.5%尿素备用。②据国家环保局南京环境科学研究所陈琬瑜等人实验:50%的沼液(一半沼液一半清水)作蘑菇追肥(清水对照),春菇增产77%~140%,秋菇增产60%。

4.沼肥种西瓜

技术要点:①沼液浸种:沼液浸种12~24小时,中途搅动一次,浸种结束后,在清水中反复轻搓种子,洗去表面黏物,以防发臭腐烂,然后保温催芽,温度30℃左右,一般20~24小时即可发芽。②沼肥配制营养土:取充分腐热(3个月以上)沼渣3份与7份砂壤土拌合,至手捏成团、落地能散,然后装入纸杯(纸杯直径7~10厘米,高10~13厘米,旧报纸制成),装至一半时压实,再填入一层松散的营养土至距杯口1厘米处,播种,胚芽朝下,覆土7毫米。③沼液喷瓜苗,1份沼液加入2份清水,喷洒作追肥。④沼肥作大田基肥:移栽前一周,将沼渣肥施入瓜穴,每亩施沼渣2500公斤。⑤沼肥作大田追肥:从花蕾期开始,每10~15天一次,每次沼液2000公斤。⑥沼液叶面喷肥:初蔓开始,7~10天一次,1份沼液2份清水,后期改为1∶1比例,可有效防治枯萎病。

第七章　水产养殖

第一节　主要水产养殖管理要点

一、草鱼池塘养殖管理技术要点

池塘要求	面积以5～10亩为宜，水源充足、池底平坦，壤土或沙壤土，保水性好，池塘水深保持2～2.5米，淤泥厚度不超过20厘米。
设备	每5亩池塘配套功率为3千瓦的增氧机和自动投饵机各1台。
池塘清整	冬季排干池水，冻晒20天以上。每亩用生石灰75公斤清塘消毒。鱼种放养前15天，注水10～20厘米。
鱼种放养时间、规格、数量	清明节前后，每亩放规格为200～250克/尾的草鱼种1200尾，规格为100～150克/尾的鲫鱼种300尾，规格为100～150克/尾的鲢鱼种150尾、鳙鱼种100尾。鱼种放养前用5%的食盐水浸泡消毒5～10分钟。
饲料要求及投喂规律	以全价配合颗粒饲料为主，饲料蛋白质含量在28%～32%，辅投青饲料。饲料颗粒大小要适口，青饲料应新鲜、无毒。饲料投喂遵循“前粗后精”和“四定四看”的原则，采用自动投饵机投喂，日投喂量一般为鱼体体重的1%～4%，并根据天气、水温、水质、鱼体大小、摄食强度等情况酌情调整。一般每天投喂4次，以45分钟吃完、摄食8成饱为宜。

续表

水质管理	主养草鱼的水质十分重要，要经常保持水质的清新和卫生。定期换水，定时增氧。正确使用增氧机，晴天中午开、阴天次日清晨开、连绵阴雨天半夜开、阴雨天白天不开、傍晚不开机。6～10 月晴天无风天气，每天 12～14 时开机增氧 2 小时，凌晨适时增氧；连续阴天应提早增氧。适时向池塘加注新水，采取“勤注、少加、保水温”的办法逐步调控水质。5 月、6 月、9 月，每隔 1～2 天加注新水一次，每次加水 10 厘米左右，每隔 15～20 天每亩水面 1 米水深用生石灰 10～20 公斤化浆，全池泼洒一次，7～8 月，每隔 10～15 天用一次。
日常管理	每日早、中、晚巡塘，观察鱼的活动及摄食情况，发现异常及时采取措施，并做好生产记录。
常见鱼病	细菌性肠炎病、烂鳃病、赤皮病是草鱼的三大主要病害，及病毒性出血病，在实际生产中，这几种病都是并发性疾病，因此，在预防上要相应地采取综合防治的方法。

二、罗非鱼池塘养殖管理要点

罗非鱼属于热带鱼类，其适温范围在 15℃～35℃。当水温低于 15℃，罗非鱼停止摄食，少动；当水温低于 8℃，罗非鱼开始出现死亡。

池塘标准	池塘面积 5～10 亩，水深 1.5～2 米，池底平坦，淤泥厚度不超过 20 厘米。
清塘肥水	用生石灰等药物对池塘进行彻底消毒。清塘后注水并施基肥。注水时进水口加设过滤网，以防敌害生物进入。施基肥以施发酵好的有机粪肥为好。每亩施 300～400 公斤。
鱼种的选择及放养规格	要求自然水温稳定在 18℃以上时就可选择晴天放养。成鱼养殖一般都是当年放养当年收获，所以鱼种放养规格一般在 5～10 厘米，采用池塘主养罗非鱼方式，苗种放养密度一般在每亩 1000～1500 尾，另外搭养 1000 尾以下，规格为 100 克/尾的鲢、鳙鱼苗种。

续表

饵料要求	保持池中有较多的天然饵料生物，有利于罗非鱼的摄食和生长。饲养前期，鱼体较小，投饲量也较少，水质一般较瘦，可每隔一周追施一次发酵好的有机粪肥，每次每亩追施100～150公斤；7～9月份投饲量较大，水质较肥，一般不追肥，当水质过肥时还应及时加注新水。
日常管理	1.饲料投喂。罗非鱼以投喂颗粒饲料为好，粗蛋白含量要求达26%～30%，并以植物性蛋白为主。鱼种下塘后的当天下午或第二天上午开始投喂。投喂前先在投饲点敲击食桶，以逐步建立信号，使鱼形成集中上浮摄食的条件反射。在池塘向阳面搭设1个投料台。日投喂量为鱼体重的2%～4%，鱼体重50～250克/尾时每天投喂3次，投喂时间为上午8时、12时、16时；6～9月份水温较高，是罗非鱼的主要摄食生长期，应加强投喂。一般每天投喂4次，日投喂量为鱼体重的4%～6%。具体投喂量视水质、天气及鱼的活动状况灵活掌握。 2.追肥与水质调节。鱼种入池后，前期每隔4天左右加注新水一次，直到加至最大的水位。高温季节，要勤加水，一般每2天左右加新水一次。加注新水一般在15时前或日出前鱼出现浮头时进行，加入量要小，以保证池水温度变化在1℃～2℃之间。在罗非鱼高产塘内，要配备增氧机。增氧机一般在晴天中午开，阴天清晨开，雨天半夜开。鱼有浮头危险时提前开。此外，每半月泼洒一次生石灰，以消毒防病，改善水质。 3.勤检查鱼的生长情况，并适时捕大留小。养殖到8月中旬，鱼存塘量过大时，鱼的正常生长受到抑制。因此在养殖期间应及时起捕已达上市规格的商品鱼，以有利于留塘鱼的快速生长。 4.巡塘。每天应巡塘2～3次，观察水质及鱼的动态。发现水质较为清瘦或过肥，要及时追肥或注换新水。14～15时，主要观察罗非鱼的活动、摄食情况。傍晚要检查鱼全天的摄食情况以及有无浮头的预兆等，搞好池塘卫生，预防疾病。饲养期间要经常捞除池内残饵、污物，定期消毒食场和水体，并在罗非鱼发病季节定期给鱼投喂药饵等，发现鱼病及时治疗。

三、白斑狗鱼池塘养殖技术要点

池塘标准	池塘以长方形为宜，东西走向，保证在高温季节能调节水温。水源充足、水质好，池底平坦，壤土或沙壤土，保水性好，淤泥不超过20厘米，池塘水深保持2米以上，3～5亩左右的池塘应配备功率为3千瓦的增氧机1台。
清塘消毒	干法清塘：在冬、春季进行。排干池水，清除过多淤泥，平整池底，修好池埂，清除杂草。每亩用生石灰75公斤化浆后全池泼洒。 带水清塘：水深0.5米每亩用生石灰150公斤化浆后全池均匀泼洒；或漂白粉（有效氯含量30%）10公斤化水后全池均匀泼洒。
鱼种的选择	应从具有原（良）种生产许可证的原（良）种场引进鱼种，或者从上述单位引进鱼苗培育鱼种。鱼种必须经过检验检疫合格，要体质健壮、无病无伤、规格整齐（3～10厘米）。
饵料要求	培育饵料鱼：在饵料鱼下塘前7～10天注入新水0.5～0.6米。培育饵料鱼的品种以鲤鱼为佳，放养规格和密度为每亩放养0.7～1厘米的水花20万尾～50万尾。 培育方法：在白斑狗鱼鱼种下塘前7～10天进行饵料鱼放养，按照每亩每天用4～10公斤大豆磨浆分4次投喂，连续投喂7天，然后转喂粉末状人工配合饲料，按照0.2公斤/万尾的投喂量，开始定点驯化投喂。
放养时间及密度要求	5～6月份水温稳定在18℃±2℃时进行放养。放养模式以单养为宜。每亩放养鱼种800～1200尾，在同一个池塘内应放养同一批次、同一规格的鱼种。
补充饵料鱼情况	应观察池塘中饵料鱼数量，减少2/3时应立即进行补充。补充的品种广泛，一般用鲤、草、鲢、鳙、麦穗等鱼均可。
	白斑狗鱼体长（单位：厘米）：5～8，8～10，10～15，15～20，20～30，30以上 饵料鱼规格相应为（单位：厘米）1.5～3，2～4，3～5，4～7，6～10，8～15 一次补充量不宜过大，防止水中缺氧。每次每1000尾白斑狗鱼补充饵料鱼量不得超过150公斤。根据天气、水温、水质、放养数量、鱼体大小、摄食强度等情况酌情调整。

续表

日常管理	水质管理：鱼种放养7天后，每3～5天注水5～10厘米，逐步使水深达到1.5～2.5米。高温季节，每天向池塘注入地下水，以保持池水的清新，控制水温在28℃以下。 增氧：高温季节根据天气和白斑狗鱼的活动情况适时开启增氧机。 越冬管理：封冰前按白斑狗鱼存塘量的20%投入规格适宜的饵料鱼，封冰后打冰眼或插入成捆的秸秆，及时清扫冰面积雪，并根据池塘渗漏情况及时注水。
鱼病防治	1.疾病的预防：以预防为主水体消毒用20～30毫克/升生石灰化浆全池泼洒，或用8%稳定性二氧化氯0.15～0.3毫克/升，全池泼洒，两者交替使用，每月2次。 饵料鱼消毒：在补充的饵料鱼投放前要用3%～5%食盐水浸洗5～10分钟。 2.疾病的治疗：①腐皮病治疗用0.3毫克/升溴氯海因或二氧化氯全池泼洒，连续用药3～5天。②出血病治疗用0.3毫克/升戊二醛(20%)全池泼洒，连续用药3～5天。 3.养殖白斑狗鱼，慎用硫酸铜。该鱼对硫酸铜敏感性极强，易造成中毒死亡。

四、河鲈池塘养殖技术要点

池塘标准	池塘面积4亩，水深2米以上，底泥厚15厘米，池底平坦，淤泥较少，保水性能好，进排水方便。配备机井一口，每池配备功率3千瓦的增氧机1台。
清塘肥水	1.清塘：鱼种放养前15天，即5月初，用生石灰干法清塘，每亩用生石灰60公斤化浆全池泼洒。 2.肥水：清塘后6～7天，加注新水至1米深水位，每亩堆放发酵好的鸡粪400公斤，以肥水。同时，在池塘四周种植部分水花生、水葫芦。
鱼种的选择及放养规格	每亩放入5厘米左右的河鲈苗1500尾。

续表

饵料要求	经过1个月的驯化，最后集中在饵料台上投喂。投喂前，先将饵料鱼用清水洗净，再用浓度为20毫克/升的高锰酸钾溶液浸泡20分钟，或用浓度为5%的食盐水浸泡10分钟，然后将饵料鱼绞碎后，分成8个点堆放在池四周投喂。
饵料投喂	随着河鲈的生长，饵料可直接投喂，每次投喂量以鲈鱼1小时内吃完为度，投喂量为鲈鱼体重的2%。投喂时要有耐心，当抛出的饵料吃完后，再抛下一次，直到池鱼不再激烈争食为止。投喂上午、下午各进行一次，要根据鱼的摄食、活动状况及天气变化情况灵活掌握。
日常管理	水质调控： 1.养殖前期每星期加注一次新水，每次加水20～25厘米。 2.高温季节，池塘水位保持在2米以上，并每天加水4小时左右，使水循环流动以降低水温，使水温保持在25℃以下。每天开增氧机1～2小时。 病害防治： 1.参照四大家鱼的管理方法，重点做好水质管理与饵料消毒工作，平均每15天用生石灰和二氧化氯交替消毒水体一次。保证投喂的饵料均为鲜活饵料，且要做好饵料的消毒工作。 2.养殖中发现鱼有腐皮病，可按0.3毫克/升的用量，将二氧化氯兑水后全池泼洒。 3.观察鱼群活动和水质变化情况，保持水的透明度在30厘米左右。天气炎热时勤加新水，合理使用增氧机。发现问题，及时采取措施解决。 4.严格防止农药、有害物质等流入池中，幼鱼对农药极为敏感，极少剂量即可造成全池鱼苗死亡。

五、黄颡鱼池塘养殖技术要点

池塘标准	池塘面积通常为4～8亩较为适中，池塘水体深度应保持在1.5～2米左右，水过浅或过深均不利黄颡鱼正常摄食生长。

续表

清塘肥水	将池塘底部整平，修整池埂，清理池塘过多的淤泥。一般在投放苗种前10天左右，每亩用生石灰75～150公斤清除野杂鱼类。注水深度50厘米左右，按每亩200公斤左右施用经过发酵好的有机肥，待池塘水体中大量繁殖浮游动物后再投放苗种。
鱼种的选择及放养	投放的鱼种要严格消毒，通常采用3%的食盐等溶液洗浴后放入成鱼养殖池塘。 设定亩产量为500公斤，上市规格150克，则放养6厘米以上苗种，亩放养数量为5500～6000尾；亩产量500公斤，上市规格为200～250克，放养6厘米以上苗种数量为4000～4500尾；亩产量500公斤，上市规格为300克以上，放养6厘米以上苗种数量为2500～3000尾。如池塘条件及生态环境因素较好，饲料资源充足的地区，亩产量可提高到600公斤以上，其放养密度可适当增加，上市规格为150克，亩放养数量为6000～6500尾；上市规格为200克，亩放养苗种数量为5000～5500尾；上市规格为300克，亩放养苗种数量为3000～4000尾。如池塘条件较差、生态环境因素一般的地方，其成鱼亩产量可控制在350～400公斤，并适当减少亩放养苗种数量。
饵料投喂	黄颡是肉食为主的杂食性鱼类，适应性强。可采用红虫干作为养殖黄颡鱼的开口饵料，投喂15天后，投喂饵料，可采用占所投料总量30%～40%的鲜小野杂鱼绞碎成鱼浆，拌和60%～70%的植物性粉状饵料(豆饼4份、小麦3份、玉米2份)，添加1%维生素和无机盐，制成团块投喂；也可购进黄颡鱼全价配合饲料进行投喂。根据黄颡鱼集群摄食的习性，在池塘背阳处设固定投料台。每日定点投喂2次，投喂量占池鱼重量的5%～9%，一般每天7～8时、17～18时各投喂一次，考虑黄颡鱼晚间摄食的生活习性，上午投喂一天投饵量的1/3。
日常管理	由于投喂绞碎的动物性饵料较多，水质易恶化，要勤注新水。生长季节每隔10～15天全池泼洒生石灰一次，用量为每亩20～25公斤，调节池水的pH值(6.8～8.5)。 黄颡鱼抗病力强、病害少，只要预防得当，一般不易发病。在养殖过程中，要定期对水体、食台等养殖设施进行消毒。定期在鱼浆中加入1%的食盐，连续投喂5～7天，投喂的饵料要新鲜、干净。每月用1～1.5毫克/立方米的漂白粉或0.3毫克/立方米的强氯精杀菌一次。

第二节　水产养殖模式

一、“80∶20”池塘标准化养殖模式

80∶20池塘养鱼的概念是，在池塘中增加养鱼的量，这种池塘在收获时其产量约80％是由一种摄食颗粒饲料的、较受消费者欢迎的“高价值鱼”的鱼类组成，而其余20％的产量则由被称为“服务性鱼”的鱼类，如滤食性鱼类(有利于净化水质)和肉食性鱼类(有助于控制野杂鱼类及其他竞争对象)所组成。

放养模式表

	放养情况			收获预估		
	主体鱼数量(尾/亩)	主体鱼规格(克/尾)	鲢、鳙数量(尾/亩)	主体鱼产量(公斤/亩)	主体鱼规格(克/尾)	鲢、鳙产量(公斤/亩)
鲫鱼	1500	20～50	150	405	300	100
团头鲂	2200	30～50	400	1000	450	250
草鱼	1000	100～200	400	800	1000	250
斑点叉尾鮰	1500	20～50	350	850	600	200
饵料要求	原料粉碎度应在60目以上，在水中稳定时间至少要在10分钟以上。					
投饵次数	鲫鱼、团头鲂、草鱼等的投饵次数：水温15℃，每2天一次；水温16℃～19℃，每天一次；水温20℃～23℃，每天1～2次；水温24℃～29℃，每天2次以上，当鱼体小于100克时应每天最少3次；水温30℃～32℃，每天1～2次；水温33℃，只有观察到鱼欲摄食才投喂。					

续表

<table>
<tr><td rowspan="2"></td><td colspan="3">放养情况</td><td colspan="3">收获预估</td></tr>
<tr><td>主体鱼
数量
(尾/亩)</td><td>主体鱼
规格
(克/尾)</td><td>鲢、鳙
数量
(尾/亩)</td><td>主体鱼
产量
(公斤/亩)</td><td>主体鱼
规格
(克/尾)</td><td>鲢、鳙
产量
(公斤/亩)</td></tr>
<tr><td>投饵次数</td><td colspan="6">斑点叉尾鮰的投喂次数：水温15℃，每天投一次；水温16℃～19℃，每天投1～2次；水温20℃～23℃，每天投2～3次；水温24℃～29℃，每天投3～4次；水温30℃～32℃，每天投1～2次；水温33℃，每天投一次。</td></tr>
<tr><td>日常管理</td><td colspan="6">4月中旬开始，晴天中午开增氧机1～2小时，6～9月每天后半夜开增氧机至黎明。合理开增氧机，能预防浮头，防止泛塘，有利于防病治病，达到稳产、高产的效果。
定期排放池塘内老水，加注新水，每次换水量为池塘总水量的1/4～1/3。
每年的6～9这4个月，每月每亩(按1米水深计)施用生石灰20公斤。
定期在饵料中添加大蒜素、维生素C、保肝护肝药物等投喂，预防疾病的发生。</td></tr>
</table>

二、淡水池塘浮动草床生态养殖模式

该养殖技术主要在草鱼、鲤鱼、甲鱼等单养或混养池塘适用。鱼池种植蔬菜，蔬菜吸收池塘水体氨氮等富营养因子、进行光合作用和分泌排异性的微毒素(有机酸)，净水、增氧、抑制鱼类病菌生长，生产绿色蔬菜，上市或作为鱼类食物来源。鱼类排泄物供给蔬菜营养，生产无公害水产品。其中鱼类生产是第一目标，蔬菜生产是第二目标，蔬菜生产为鱼类生产服务。达到提高池塘综合生产效益，减少成本投入，增加收入的目的。

池塘条件	一般5亩以下，以便于养殖管理和捕捞。养殖甲鱼的池塘四周要建有防逃墙（高0.5米左右）、投饵台，防逃墙用60厘米（或80厘米）的瓷砖沿池塘四周下埋20厘米做成，池塘四角做成弧状，防止甲鱼逃逸。苗种放养前15天左右，要先清塘，一般用干法清塘，用生石灰75公斤/亩或漂白粉10公斤化水全池泼洒。
水源及肥水	养殖水源为地下水，水质好，无污染。春季水温低，前期进水不宜过深，一般0.5米左右，以后随着水温的升高，逐渐加深水位。施肥的目的主要是繁殖水中的生物，供苗种下塘后摄食生长用，放养大规格甲鱼苗种的池塘不必施肥。所施肥料分有机肥、无机肥、生物肥。
苗种选择及放养	在选择苗种时，总的原则是选择活力强、规格整齐、无病无伤的健壮个体，放养规格根据各自需要确定。甲鱼苗种根据养殖需要放养50克/只以上的，草鱼、鲤鱼要放养150～200克左右的。放养时间根据温度、养殖品种适温情况而定，苗种下塘前必须经过鱼体消毒，目的是杀死鱼种所带致病菌和寄生虫，这是鱼病防治的一个重要环节，可用3%～5%盐水浸洗10～15分钟，或10毫克/升高锰酸钾浸洗10～20分钟，10毫克/升聚维酮碘浸洗10分钟。根据苗种规格和设计产量不同放养密度不同，一般甲鱼放养50～100克/只的苗种4～5只/平方米，放养250克/只左右的苗种2～3只/平方米。同时，为了充分利用池塘空间采取池塘多元化养殖模式，混养时一般主养品种占70%～80%，混养品种占20%～30%，在甲鱼和常规鱼类混养时应注意规格搭配，防止甲鱼捕食小规格苗种。
栽培蔬菜种类选择	栽培蔬菜和观赏用的花卉、喂食用的饲草等。栽培蔬菜种类应选择根系发达、净化能力强的植株，利用根系发达与庞大的吸收表面积，进行水质的净化处理。一般选择的品种有空心菜、水芹菜、丝瓜、水白菜、青菜、生菜等。推荐选择空心菜，因为其生长旺盛、产量大、净水效果好。
种植面积的选择	在亩产800公斤以上，2米水深的池塘可栽种5%～10%池塘面积的蔬菜，能取得较好的效果。蔬菜种植的比例应根据池塘水质的肥瘦、水体的大小、养殖鱼类的多少合理确定，也就是说，鱼多则面广，水深则围宽。
PVC浮架制作工艺	PVC管浮架制作方法：通过PVC管（75管）制作浮床，上下两层各用疏、密两种聚乙烯网片分别隔断草食性鱼和控制茎叶生长方向。可以按照1米×4米和2米×4米两种规格进行制作，也可根据自己池塘的实际条件，按照移动、清理、制作、收割方便、标准、统一、实用、美观的原则制作，尽可能采用PVC管制作。

续表 1

蔬菜栽培技术方法	1.整地:育苗选用陆地,先翻土、整平。在整平的土地周围垒起一圈高 40～50 厘米的土坝,以备灌溉之用。刨深约 10 厘米、宽 15～20 厘米左右的垄沟,两沟间隔为 15 厘米左右,施足底肥,底肥可以是猪粪、鸡粪等有机肥,也可以是复合肥。腐熟有机肥:500～1000 公斤/亩。复合肥:50 公斤/亩左右。 2.播种:播种前先晒种,找一块平地,用塑料布垫上,把种子铺在上面,在阳光下晒 5～6 小时,可以提高种子的发芽率。 播种时,把晒好的种子均匀地洒在刨好的沟里,播完种后,在种子上可以施一层多菌灵(可湿性粉剂),预防土壤中的病虫害。然后再盖土,用锄头稍稍覆盖一层薄土,不超过 2 厘米,把沟打平。浇水,水要浇透。 3.苗期管理:空心菜在育苗期的温度一般在 15℃～45℃之间,每天浇一次水,每次浇水都要浇透,5 天左右就会长出小苗。当苗长到 10 厘米左右的时候就不只是浇水而是要灌水。主要因其"喜水"的特性。苗期不用施肥,但要保证小苗的需水量,不需要间苗。 4.苗种移栽:当苗长到 20～25 厘米的时候就可以移栽到做好的浮床上了,在移栽的前一天,把育苗的土地灌满水。这样从土地里拔苗的时候,因为土地湿润不会伤到苗的根部。把拔好的苗根部的泥土用清水洗掉,以免把土里的细菌带到水里。 水上定植:把苗根插到比较稀的网眼里即可,株距 20～25 厘米,行距 25～30 厘米。浮床上菜苗栽培做好后,浮床就固定在水面上。此法成活率相对较高,操作也简单方便,成本低,建议大家采用。 5.蔬菜收割技术方法:每次采摘的时候应做好记录,包括收获池塘编号、池塘面积、收获蔬菜面积以及产量、处理方式(销售或者投喂)、销售收入以及投喂量等。如:空心菜的收割方法,可以手摘、剪刀剪以及用镰刀范围收割。镰刀收割,具有快捷、范围大、省时省力的特点,但其选择性差,将成熟蔬菜和未成熟蔬菜全部收割,影响其后续生长,对之后的蔬菜销售也不利。鱼菜共生蔬菜属水上生长,采摘的时候要下水,每次都划船、穿水裤下水费时费力,且天气炎热,操作人员容易中暑。建议选择在天气凉爽时进行收割。
养殖管理	1.饵料投喂: 定质:饵料要求适口、喜食,饲料宜投喂全价配合饲料。饲料蛋白质含量必须达到水生生物不同生长阶段的营养需求,根据鱼体规格,掌握合适的颗粒大小。 定量:苗种期的日投饵量应占鱼体重的 5%～8%,成鱼期的日投饵量应占鱼体重的 2%～3%,日投饵量随鱼体重的增长而增加。

续表 2

养殖管理	每天的饵料分 2～4 次投喂(甲鱼分 2 次投喂),每次投喂的最适食量应为饱食量的 80%左右。 定时:每天投饵的时间应相对固定,选择一天中溶氧高的时段投喂,如 8 时、9 时、15 时、16 时,避开中午的高温。 定位:投饵要有固定的位置,可在池塘向阳面搭设 1 个饵料台,配备投饵机 1 台。 2.水质管理:养殖过程中,除用水生植物浮床净水外,根据水质和管理情况,还可用以下方法调节水质。①适时加注新水。在生产过程中,由于水的蒸发和少量渗漏,根据情况适时冲注新水。②使用增氧机。有条件的池塘可以使用增氧机,造成池水的对流,增加溶氧和散发水中的有毒物质。③使用有益微生物制剂。有益微生物如光合细菌、芽孢杆菌、EM 菌等,对人畜无害,可以有效地利用水中的有机污染物作为自身营养源,并借助光合作用最大限度地迅速净化水质,提高水生生物机体免疫力,预防疾病,还可促进浮游动物的生长繁殖,使水质变肥而不污染。 3.疾病防治:水产养殖过程中疾病防治遵循“以防为主,综合防治”的原则。疾病预防贯穿于生产的全过程,包括清塘、苗种放养前的药物消毒、利用水上浮动草床生物的生长和微生态制剂优化养殖水环境等,同时应抓好饲养管理、巡塘和养殖用具消毒工作。

三、鱼鳖混养模式

池塘标准	池塘面积 3～5 亩为宜,坡度 30℃左右,塘底平坦,淤泥厚度 20～30 厘米,水深 1.2 米以上。要求环境安静,背风向阳,进排水设施完整,水源充足,水质良好,pH 值 7～8.5,溶氧 5 毫克/升以上。池塘四周留出鳖晒背地方,最好为土质。放养前进行清塘消毒。
防逃设施	由于鳖能挖洞,故在设防逃墙时,应注意地面和地下相结合,池塘周围建高 40～50 厘米的防逃墙,墙顶设“T”形防逃檐,池塘的内壁要光滑,以防止鳖逃走和天敌侵入。一般要求:防逃墙根基向地下埋 30 厘米,而不能只设地面部分。一些鳖场平时不见鳖死亡,但捕捞时发现数量很少,而鳖池附近的农田和河沟里却有鳖被抓到,说明是人工养的鳖逃出池外。

续表1

清塘消毒	冬季或早春排水、清污，白天让阳光曝晒，晚上冰冻一星期左右，同时清除池边、滩脚上的杂草，以减少水生昆虫等的产卵场所。每亩用生石灰50～60公斤均匀遍洒全池消毒。清塘后7～8天即可放鱼；也可带水清塘，每亩水深1米用生石灰120公斤左右全池泼洒，或用漂白粉20毫克/升消毒。
主养殖品种	草、鲤、鲫、罗非、鲢、鳙等品种均可。
鱼种的选择及放养	鱼种最好5厘米以上，按照设计养殖周期确定鳖种规格，一年周期的，鳖种规格以300～500克为宜；两年周期的以120～200克为宜。尽量避免秋季投放稚鳖。如以鱼种生产为主时，也可投放50克左右的鳖种。
放养规格	草鱼、鲤鱼规格为75～150克/尾；花、白鲢放养规格为25～50克/尾，鳖的苗种选择要求规格整齐、均匀、无病无伤、活动能力强，规格200～350克/只。放养密度：鲤鱼或草鱼1200～1600尾/亩，鳖60～150只/亩，花、白鲢(1∶4)200～800尾/亩。
饵料要求	饲养过程中补充投喂鳖饲料(池内投放杂鱼，岸边投放配合饲料)。
模式	以鱼为主的模式：按主养殖鱼类正常的放养规格、密度及时间进行放养。5月下旬至6月上旬，水温达到20℃以上时，放养中华鳖苗种。 以中华鳖为主的模式：在3月下旬至5月上旬放养鱼类；5月下旬放养鳖种。套养鱼类每亩500～800尾，适量投喂饲料。
日常管理	水质管理：放养初期保持水位80～100厘米，随水温提高逐步加高水位，保持水质清新，池水透明度在25～30厘米之间，定期泼洒生石灰以及EM菌，保证水质溶氧在4毫克/升以上，pH值7～8.5之间，氨氮不超5毫克/升，同时水面配置增氧机，适时开机，提高水体的溶氧量，定期对池塘水质进行检测。 饲养管理：日常管理中，鱼饲料选用人工全价配合饲料，按照四定(定质、定量、定时、定位)要求进行，投喂量按照放养品种、规格、数量及出塘规格数量进行人工控制，鳖饲料可以主要是青饲料，但应根据天气、水温和鱼鳖生长情况灵活掌握。 病害防治：①鱼、鳖在下塘前均要消毒。②池水消毒：池水消毒应该选择鱼、鳖可以共用的药物，例如：生石灰(60～70毫克/升)、漂白粉(2～4毫克/升)、强氯精(0.5～0.8毫克/升)、硫酸铜(0.7毫克/升)等药物进行全池泼洒。③定期泼洒生石灰以及EM菌。

续表 2

注意事项	①放养的鳖种规格要均匀。②注意鳖种性别，建议在放鳖种时将雌雄分开，特别是规格大、即将性成熟的鳖种，在放养时更要注意。最好是同一个池内全为雄鳖，或雌雄鳖比例在(6～10)：1，以防止秋、春季交配造成咬伤而死亡。③选择种质质量好、无伤病的健壮鳖种，放养前用碘制剂消毒。

第三节　池塘养殖用渔药种类及其使用方法

渔药名称	用途	用法与用量	休药期(天)	注意事项
氧化钙(生石灰)	用于改善池塘环境，清除敌害生物及预防部分细菌性鱼病。	带水清塘：200～250毫克/升 全池泼洒：20～25毫克/升		不能与漂白粉、有机氯、重金属盐、有机络合物混用。
漂白粉	用于清塘、改善池塘环境及防治细菌性皮肤病、烂鳃病、出血病。	带水清塘：20毫克/升 全池泼洒：1～1.5毫克/升	≥5	1.勿用金属容器盛装。 2.勿与酸、铵盐、生石灰混用。

第四节 常见鱼病防治

鱼病名称	流行季节	发生规律	症状	防治方法
草鱼肝胆综合征	5 月份开始，一直到 10 月份。	主要危害 1 龄、2 龄草鱼鱼种，多在 8 月下旬或 9 月初发病，病情可持续 30～40 天。	肝胆综合征以肝胆肿大、变色为典型症状。随着病情的发展，病鱼体色逐渐变得晦暗，胸腹部、眼眶、鳃盖、鳍基充血；尤其是尾鳍部充血明显，眼球突出并伴有血丝。解剖观察，病鱼体腔内脂肪大量积累，肝脏不同程度肿大，颜色变为白色、黄色、土黄色、褐色或局部变成绿色，肝脏失去光泽，质脆、易碎。胆囊明显肿大，胆汁充盈，胆汁颜色变为深绿色、黑色或黄色，病鱼常伴有肠炎、烂鳃等症状。没有明显的“开天窗”现象。	1.发现此症建议首先停食 2 天，能够有效稳定、缓解此症。 2.采用三黄粉（大黄、黄柏、黄岑）、板蓝根和草鱼三病灵（主要成分为苦参末）同时拌饲内服投喂。因上述 3 种中药药性均属苦寒性，具有清热利胆解毒止血、疏肝护肝理气的独特功效，能促进损伤的肝细胞再生和恢复。用量为每 1 公斤饲料中各拌 4 克，合计 12 克，连用 5～7 天。 3.采取上述步骤 1～2 天后，基本上可以稳定鱼类病情，仔细观察待病情稳定后选择优质饲料投喂，开始可投喂正常投喂量的 50%，并且在饲料中添加免疫多糖、活力 VC，化成溶液均匀泼洒在饲料上，连续投喂 4～5 天，治愈概率一般超过 95%。 4.病情基本治愈后，可适当增加投喂量（采取每日递增法，一般每日递增投喂量的 3%～5%）。如有部分病鱼表皮有鳞片脱落导致发炎、出血症状，由于此时鱼体刚刚恢复，体质比较虚弱，建议使用一元二氧化氯或聚维酮碘等温和性消毒剂进行外用泼洒消毒，治疗炎症。切勿使用漂白粉或强氯精等强刺激性药品，以免引起病情反弹。

续表 1

鱼病名称	流行季节	发生规律	症状	防治方法
草鱼出血病	6月下旬至9月底是主要流行季节，发病高峰期在8月。	水温25℃～30℃时最为流行。	鱼体内外各个器官和组织表现出斑点状或块状充血，诸如鳍条、鳃盖鳃丝、眼眶、口腔、下颚等表皮组织，不用解剖就可以看到充血现象。病鱼眼球突出，鳃丝苍白或充血。脑膜腔、肌肉、肠道、肠系膜、鳔壁、胆囊、肝、脾、肾等器官，也往往出现充血现象。	内服药物： ①大黄粉(0.5～1公斤)＋板蓝根(0.8～1公斤)每100公斤鱼体重，拌入饲料投喂，连续6天。 ②吗啉胍每100公斤鱼体重用2～5克拌入饲料中投喂，连续5天。 ③诺氟沙星，每日2次，剂量为每公斤鱼体重10～30毫克，连用5～7日。 ④氟苯尼考，剂量为每公斤鱼体重30～50毫克，每天一次，连喂5～7日。 外用药物： ①二溴海因0.3毫克/升，全池泼洒，连续3天。 ②稳定性二氧化氯0.5～1毫克/升全池泼洒，连续3天。 ③聚维酮碘(有效碘1%)0.2～0.5毫克/升全池泼洒，连续3天。 注意：内服与外用同时进行。二氧化氯、聚维酮碘勿与金属容器接触。

续表 2

鱼病名称	流行季节	发生规律	症状	防治方法
烂鳃病	发病时间北方在 5～9 月，7～8 月为发病高峰期。	在水温 15℃～30℃范围内随水温升高，发病率随之提高。往往与赤皮肠炎并发。	病鱼体色发黑，尤其是头部发黑，又称为“乌头瘟”。病鱼鳃丝腐烂并带污泥，严重时鳃丝软骨外露，鳃盖内表皮被腐蚀，形成一个透明“小窗”(俗称开天窗)。	第一天，首先用杀虫剂杀虫；第二天，二氧化氯 0.2～0.3 毫克/升或二溴海因 0.3 毫克/升全池泼洒，同时内服恩诺沙星，每公斤鱼体重用药 20～50 毫克拌料，连用 5～7 天，严重时隔日外用消毒再泼洒药物一次。 水体消毒的措施： ①全池泼洒含氯消毒剂，用药量为：漂白粉 1～2 克/立方米水，二氯异氰尿酸钠 0.3～0.4 克/立方米水，三氯异氰尿酸 0.2～0.3 克/立方米水或鱼菌清 250 克/亩·米。 ②生石灰化开后全池泼洒，使池水 pH 值呈弱碱性(pH 值 8 左右)，用量和次数应根据池水实际 pH 值调整，一般每亩水深用量为 10～20 公斤。 ③每亩每米水深用大黄粉 2～3 公斤，全池泼洒。 ④五倍子全池遍洒：每亩水深 1 米用五倍子 1.35 公斤，研碎煮开或用开水冲溶，连渣带汁全池遍洒。 ⑤枫树叶每亩 20 公斤，捣烂后全池遍洒。

续表 3

鱼病名称	流行季节	发生规律	症状	防治方法
肠炎病又称烂肠瘟	流行期一般为 4～9 月份，7～8 月高温期最易感染吃食性鱼类。	水温 18℃以上该病流行，25℃～30℃时易形成发病高峰。发病严重时死亡率可高达 90% 以上。此病常与烂鳃、赤皮、出血等病并发。	肛门红肿、腹部膨大，轻压肛门流出黄色液体，腹内积水，剖解肠壁发生充血，肠道内有脓状物、肠内无食、肠壁弹性差。	内服和外用药物结合进行。 外用： 每亩 1 米水深用生石灰 20 公斤或漂白粉 0.65 公斤全池遍洒。隔天一次，连用 2 次。 内服： ①大蒜头治疗。每 100 公斤草鱼用大蒜头 1 公斤、食盐 0.2 公斤，捣烂与适量的面粉渗合拌饵投喂，每天一次，连喂 3 天。 ②韭菜治疗。每亩水面用韭菜 2.5 公斤，切碎后加食盐 0.2 公斤，拌入饲料中投喂，每天一次，连喂 3 天。 ③三黄粉治疗。黄芩、黄柏、大黄各 0.5 公斤，煮沸后取汁，并加食盐 0.5 公斤，用于 100 公斤的饲料，拌食投喂，连用 4～5 天。 ④二花二黄散治疗。金银花、菊花、大黄、黄柏各 0.5 公斤，另加0.5 公斤食盐拌 100 公斤鱼饲料。 ⑤鱼必康治疗。1.5 克/公斤鱼体重，每天一次，连用 3～4 天。

续表 4

鱼病名称	流行季节	发生规律	症状	防治方法
指环虫病	对鱼和夏花鱼种危害很大，流行季节在夏秋两季，越冬鱼种在开春后即易开始发病，流行季节在春末夏初。	适宜温度20℃～25℃	虫体寄生鳃上，轻度感染时症状不明显，对鱼的危害不大，大量寄生时，每个鳃片达50个以上虫体，病鱼鳃丝黏液增多，全部或部分呈苍白色，鱼呼吸困难，鳃部显著浮肿，鳙鱼特别明显，鳃盖张开，鱼游动缓慢，贫血，不吃食，鱼体消瘦，终致死亡。	①夏花鱼种放养前宜用 1×10^{-6} 浓度的晶体敌百虫浸洗20～30分钟，可有效预防指环虫病。 ②鱼种放养前，每立方米水体用高锰酸钾20克给鱼种洗浴，可杀死指环虫。 ③$20\times10^{-6}$ 浓度的高锰酸钾浸洗病鱼，水温10℃～20℃时浸洗20～30分钟；水温20℃～25℃时浸洗15～20分钟；水温25℃以上时浸洗10～15分钟。 ④晶体敌百虫和面碱（碳酸钠）合剂（1∶0.6比例）全池泼洒0.2毫克/升。 ⑤水温20℃～30℃时，每立方米水体用90%晶体敌百虫0.2～0.5克全池遍洒，对杀灭指环虫也有较好效果。 ⑥用甲苯咪唑溶液（10%）每亩1米水深用100克，有较好灭杀效果。有的养殖户每亩用硫酸铜250克、硫酸亚铁100克、10%敌百虫100克合剂也有很好的灭杀效果。杀虫后第二天用10%聚维酮碘，1米水深用250克来消毒杀菌，并内服大蒜素和维生素C来提高鱼类的抗病能力。

续表 5

鱼病名称	流行季节	发生规律	症状	防治方法
粘孢子虫病	流行于 4～10 月，6～9 月为发病高峰期。		孢子虫外包有几丁质的壳，因此杀灭比较困难。孢子虫寄生于病鱼体表、鳃上时肉眼可见许多米粒大小的孢囊。	①彻底清塘，清除淤泥，用生石灰化浆趁热全池泼洒清塘，每亩用量 100 公斤，以杀灭虫卵、孢子。 ②左旋咪唑内服，每天 4～8 毫克/公斤鱼，连用 2～3 天。 ③选用晶体敌百虫 1 毫克/升全池泼洒。同时，每公斤鱼再用盐酸氯苯胍和磺胺嘧啶各 100 毫克内服，翌日减半，连用 4 天；或以盐酸环氯胍拌料内服，每天 400 毫克/公斤鱼，连用 3～6 天。

续表 6

鱼病名称	流行季节	发生规律	症状	防治方法
车轮虫病俗称“跑马病”	流行的高峰期为 5～8 月。	水温 20℃～28℃，鱼苗、鱼种常发生此病，引起大批死亡。越冬密集的鱼池，也往往出现此病。	鱼体瘦弱，行动缓慢，离群独游，不摄食，体表有一层白翳，或成群沿池塘边狂游，俗称“跑马病”。鱼苗放养 10 天后患病。车轮虫寄生鱼苗体表时，病鱼头部和嘴周围呈微白色，分泌很多黏液，若将小鱼在解剖镜下观察，可见体表特别在头部和鳍条上有大量的车轮虫密集或来回活动。镜检可见鳃或体表有大量车轮虫。	①用生石灰清塘，合理施肥、放养。夏花鱼种下塘前用 2%食盐溶液浸洗 15 分钟，视鱼种的忍耐程度可增减浸洗时间。 ②硫酸铜 0.5 毫克/升、硫酸亚铁 0.2 毫克/升，全池泼洒，使池水成 0.7毫克/升浓度。 ③1%～3%食盐水浸浴 5～10 分钟，或 430 公斤苦楝树叶煮水全池泼洒。

续表 7

鱼病名称	流行季节	发生规律	症状	防治方法
三代虫病	春夏交替季节。	当水温在20℃左右时是三代虫病易发阶段，三代虫病对鱼苗、鱼种危害较大，严重时能引起鱼类大批死亡。	三代虫主要寄生在鱼体的鳃部、体表和鳍上，有时在口腔、鼻孔中也有寄生。以锚钩和边缘小钩钩住鱼体上皮组织及鳃组织，对鱼体体表及鳃部造成创伤。寄生数量较多时，刺激宿主分泌大量黏液，严重时鳃丝呈斑点状出血，病鱼焦躁不安，游动异常，鱼体消瘦，在草丛中挤擦，最后因呼吸困难而死亡。该病常与水霉病并发。	全池遍洒氯氰菊酯。每立方米水体用4.5%的氯氰菊酯0.02～0.03毫升，用2000倍水稀释均匀后全池泼洒。因该药杀不死虫卵，所以当疾病严重、池中虫卵较多时，需隔一周左右再全池泼药一次。注意：虾、蟹混养池及对该药敏感的白鲳等鱼池不能用本药治疗。如病情严重，当疾病治愈后，最好再全池泼一次杀菌药，以防细菌感染。

续表 8

鱼病名称	流行季节	发生规律	症状	防治方法
锚头鳋病	以秋季流行最严重。	水温12℃～33℃都可以繁殖病虫。	锚头鳋以头胸部插入寄主的肌肉里或鳞片下，而胸腹部则裸露于鱼体之外，在鱼体的寄生部位，肉眼可看到针状的病原体。“老虫”阶段，虫体表面常有固着类纤毛虫及藻类附生，肉眼观察到好像一束束灰色的棉絮状物。锚头鳋寄生的部位，可看到虫体的一块鳞片被蛀出缺口，鳞片色泽较淡，但一般不肿大成瘤状。发病初期，病鱼急躁不安，食欲减退，继而体质逐渐消瘦，游动迟缓，终至死亡。	①用生石灰清塘消毒，可以杀灭水中的锚头鳋幼虫。 ②鱼种在放塘以前，用 1～2 毫克/升的高锰酸钾溶液浸洗 1.5～2 小时。 ③用 2 毫克/升的高锰酸钾浸洗草、鲤、鲫病鱼。水温 15℃～20℃，浸洗 1.5～2 小时，可杀死全部幼虫和部分成虫。 ④用二溴磷全池泼洒，每立方米水体用药 0.12 克，7 天后向鱼池注新水。 ⑤用 90%晶体敌百虫全池泼洒，每立方米水体用药 0.5 克，隔 7 天泼洒一次，连续泼洒 3 次；锚头鳋幼体有弱趋光性，早晨和傍晚集中于水面，所以用药时间以早晨和傍晚为好。 ⑥用 4～5 根号筒杆枝叶扎成捆，每亩水面放 7～9 捆，浸出汁液，有一定防治效果。

续表 9

鱼病名称	流行季节	发生规律	症状	防治方法
水霉病又称肤霉病、白毛病	从鱼卵到成鱼都可感染。患病的鱼一年四季都可见到，以早春、晚冬最为常见。		病鱼在感染初期，肉眼看不出什么症状，当肉眼能看到症状时，菌丝已向鱼体伤口侵入，并可能已深入至肌肉，蔓延扩展，向外生长成棉毛状菌丝，故俗称“白毛病”。感染了水霉的病鱼和鱼卵，由于外菌丝长满成棉絮状，故肉眼可以辨认出。	由于水霉的感染往往是由于鱼体受伤后，细菌和寄生虫侵入而发炎引起的。掌握这一特征，更有利于辨认病状而正确确诊。 ①在捕捞、搬运和放养过程中尽量仔细操作，切忌使鱼体受伤，避免水霉感染。 ②25%食盐溶液浸洗病鱼 5～10 分钟。 ③五倍子末拌饵投喂，每公斤鱼体重用 0.1 克，连用 5～7 天；浸泡时每立方米水体用 2～4 克。

续表 10

鱼病名称	流行季节	发生规律	症状	防治方法
小瓜虫病俗称“白点病”	春、秋季流行。	适宜病原体生长和繁殖的水温为 15℃～25℃，10℃以下和 28℃以上时，幼虫易死亡。	病鱼的皮肤、鳍条或鳃瓣上，肉眼可见布满白色小点状囊泡。严重时体表似有一层白色薄膜，鳞片脱落，鳍条裂开、腐烂。病鱼反应迟钝，缓游水面，不时在其他物体上摩擦，不久即成群死亡。鳃上有大量的寄生虫，鱼体黏液增多，鳃小片被破坏，鳃上皮增生或部分鳃贫血，虫体若侵入眼角膜，引起发炎、瞎眼。将囊泡刮下放在载玻片上，加一滴水，虫体自囊泡中出来。肉眼可见其在水中活泼移动。	①多针对小瓜虫不耐高温的弱点，提高水温，再配合药物治疗，通常治愈率可达 90%以上。若治疗及时，治愈率可达 100%。 ②按照每亩每米水深用干辣椒 250～500 克的用量，把干辣椒放在锅内，加水煮烂后，对整个鱼池进行泼洒，每天泼洒一次，连泼 3 天即可。 ③每立方米水体用亚甲基蓝 2 克化水全池泼洒，每隔 3 天泼洒一次，连泼 3 次。

续表 11

鱼病名称	流行季节	发生规律	症状	防治方法
中华鳋病	主要流行于5～9月。	主要危害15厘米以上的大鱼种和1龄以上的成鱼。	中华鳋大量寄生时，病鱼消瘦，烦躁不安。揭开鳃盖，肉眼可见鳃上挂着白色虫体，虫体多寄生于鳃边缘，寄生处鳃丝末端肿大，呈白色，黏液增多或破损部位受细菌感染而局部发炎。严重感染时，病鱼呼吸困难，焦躁不安，在水表层打转或狂游，尾鳍上叶常露出水面，俗称“翘尾病”，病鱼最终消瘦、窒息而死。	预防：用生石灰彻底清塘，杀灭虫卵、幼虫和带虫病鱼。 治疗： ①全池遍洒硫酸铜、硫酸亚铁合剂(5∶2比例)，每立方米水体放硫酸铜0.5克、硫酸亚铁0.2克。因治疗有效浓度的高低与水温成反比，与水的pH值、有机物含量成正比，且治疗有效浓度的幅度又较小，所以测量水体及计算时要仔细，最好能先做小型治疗试验，全池泼药后要观察2～3小时，出现鱼感不安时，要加水急救。 ②全池遍洒晶体敌百虫和硫酸亚铁合剂，每立方米水体放晶体敌百虫0.5克、硫酸亚铁0.2克。 ③全池遍洒强效杀虫灵和硫酸亚铁合剂，每立方米水体放强效杀虫灵0.3～0.4克、硫酸亚铁0.2克。 ④如水中还有虾、蟹、蚌，就不能用上述外泼药，必须投喂以下任一种药饵进行治疗： 每公斤饲料中加鱼虫清2～2.5克，连喂2～3天。或每公斤饲料中加内服型克虫威27克，连喂2～3天。

续表 12

鱼病名称	流行季节	发生规律	症状	防治方法
白头白嘴病症	此病流行季节性比较明显，一般在5月下旬至7月上旬，6月为发病高峰期。	最适宜温度为25℃，最适宜pH值为7.2左右，pH值在6～8.5之间都多发病。	发病时，病鱼的额部和嘴部周围的细胞坏死，色素消失而表现白色，病变部位发生溃烂，有时带有灰白色绒毛状物，因而呈现“白头白嘴”症状。在水面游动之病鱼，症状尤为明显。当病鱼离水后，症状就不显著了。严重的病鱼，病灶部位发生溃烂，个别病鱼头部出现充血现象，有时还表现白皮、白尾、烂尾、烂鳃或全身多黏液等病变反应。此病是一种暴发性疾病，发病极快，传染迅速，一日之内可致全部死亡。	①食盐与硫酸铜合剂。将浓度为2毫克/升的食盐溶液与浓度为0.7毫克/升的硫酸铜溶液混合制成合剂全池泼洒，连用2天，效果佳。 ②每亩1米水深用生石灰20公斤，或漂白粉0.65公斤全池遍洒。 ③每亩用菖蒲1～1.5公斤、艾草2.5公斤、食盐1.5公斤和水煮汁全池泼洒。 ④每亩用苦楝树叶30公斤，煎汁全池泼洒。

续表 13

鱼病名称	流行季节	发生规律	症状	防治方法
打印病（腐皮病）	此病一年四季均有发生，但主要流行于 7～8 月。	水温 23℃～32℃时为发病高峰。	发病部位主要在鱼体背鳍和腹鳍基部以后的躯干部分。患病部位先是鳞片脱落，皮肤出现肌肉腐烂，病灶部位呈现出圆形或椭圆形的红斑，好似鱼体表盖有红色印章，故称“打印病”。病情严重时病鱼相继死亡。仅危害鲢、鳙、草鱼等。	①全池泼洒二氯异氰尿酸钠或三氯异氰尿酸钠 0.3～0.5 毫克/升。或二氧化氯、溴氯海因 0.1～0.2 毫克/升。 ②拌饲投喂。脱氧土霉素每公斤体重每天 30～50 毫克。或氟苯尼考每公斤体重每天 10～20 毫克。连用 5～7 天。 ③注射金霉素，每公斤体重 5000 单位。 ④四环素软膏涂抹患处。

续表 14

鱼病名称	流行季节	发生规律	症状	防治方法
赤皮病	一年四季都有流行。	以水温 25℃～30℃时为发病盛期。	在严寒冬季因鱼体冻伤或扦捕造成鱼体受伤，继而病菌入侵致使发病。病鱼体侧腹部出血发炎、鳞片脱落、皮肤溃烂，鳍基部充血，鳍条末端腐烂断裂。肠道无食，肠壁充血发炎，肠腔中充满黏液。此病主要危害草鱼和青鱼。	因捕捞、运输、放养使鱼体受机械损伤、冻伤、体表被寄生虫寄生而受损时，病原菌才能乘虚而入，引起发病。 本病病原菌不能侵入健康鱼的皮肤，因此病鱼有受伤史。鱼种放养时用 10～20 毫克/升高锰酸钾溶液浸泡 15～30 分钟，或用 2%～3%食盐水浸泡 5～10 分钟。 防治方法： ①含氯石灰(漂白粉)，或 20%二氯异氰脲酸钠，或 30%三氯异氰脲酸粉，或 8%二氧化氯，每 1 吨水体用药分别为 1～1.5 克、0.3～0.6 克、0.2～0.5 克、0.1～0.3 克，疾病流行季节，全池泼洒，15 天一次。 ②8%溴氯海因，每 1 吨水体，用药 0.2～0.3 克，疾病流行季节，全池泼洒，15 天一次。 ③10%聚维酮碘溶液，每 1 吨水体，用药 0.5～1 毫升，疾病流行季节，全池泼洒，15 天一次。 ④五倍子，每 1 吨水体，用药 4 克，将五倍子磨碎后用开水浸泡，疾病流行季节，全池泼洒，15 天一次。 ⑤大黄，每 1 吨水体，用药 2.5～3.7 克，先将大黄用 20 倍重量的 0.3%的氨水浸泡提效后，再连水带渣，疾病流行季节，全池泼洒，15 天一次。

续表 15

鱼病名称	流行季节	发生规律	症状	防治方法
				治疗方法： ①诺氟沙星，或氧氟沙星，或氟甲喹，每 1 公斤体重，用药分别为 30 毫克、10 毫克、30 毫克，拌饲投喂，1 天一次，连用 3～5 天。 ②氟苯尼考或甲砜霉素，每 1 公斤体重，均用 5～15 毫克，拌饲投喂，1 天一次，连用 3～5 天。 ③复方新诺明，每 1 公斤体重，用药 50 毫克，拌饲投喂，1 天一次，连用 5 天，首次用量加倍。 ④磺胺间甲氧嘧啶，每 1 公斤体重，用药 2～4 克，拌饲投喂，1 天一次，连用 3～5 天，首次量加倍。 ⑤硫酸链霉素，每 1 公斤体重，用药 20 毫克，肌肉注射，3 天之后再注射一次。

续表 16

鱼病名称	流行季节	发生规律	症状	防治方法
斜管虫病	春季及初冬(有时在冰下)时本病更易发生。	常发生于12℃～18℃的低水温期间，尤其在水温15℃时更易发生。	该病由鲤斜管虫寄生于鱼的皮肤和鳃所致。病鱼因受寄生虫的刺激，皮肤和鳃表面呈苍白色，或形成一层浅蓝色薄膜。鱼体消瘦、呼吸困难，不久即死亡。	①用0.7毫克/升的硫酸铜和硫酸亚铁(5∶2比例)配制合剂全池泼洒。 ②用2%～4%的食盐水或50毫克/升的高锰酸钾溶液浸浴病鱼5～8分钟。 ③全池泼洒“菌虫清”，或“新杀车灵”，或“贵鱼安”，或“苗虫净”。

第五节 简易鉴别常见鱼病

病名	部位	病症
赤皮病	鱼体体表	体表充血、发炎、鳞片脱落。
出血病		仅鳃盖或鳍基部充血，皮肤充血不明显，撕开表皮，发现肌肉呈充血状或有块状瘀血。
肠炎病		鱼腹部膨大，肛门红肿呈紫红色，轻压腹部有乳黄色液体流出。
打印病		尾柄及腹部两侧有火烙样的红斑或表皮腐烂呈印章状。
水霉病		体表生有棉絮状的白色物。
鲺病		体表黏液较多并有小米粒大小、形似臭虫状的虫体。
小瓜虫病		体表有白色亮点，离水两小时后亮点消失。
卵甲藻病		体表有白色斑点，白点之间有出血或红色斑点。
锚头鳋病		部分鳞片处发炎红肿，有红点并伴有针状虫体寄生。
车轮虫病		鱼苗、鱼种成群在池塘周边或池水表面狂游，且头部充血呈红点，死亡迅速。
白皮病		尾柄表皮发白。
白头白嘴病		病鱼在水中头部或嘴部明显发生病变，离水后又不明显。
烂鳃病	鱼鳃瓣	鳃丝腐烂发白、尖端软骨外露，并伴有污泥和黏液。
鳃霉病或球虫病		鳃丝发白呈贫血状。
中华鳋病		鳃丝末端挂着像蝇蛆一样的白色小虫。
指环虫病		鳃部浮肿，鳃盖张开不能闭合，鳃丝失去鲜红色呈暗淡色。

续表

病名	部位	病症
出血病	鱼肠道	肠管全部或部分充血呈红色，肠壁不发炎。
肠炎病		肠道充血发炎且伴有大量乳黄色黏液。
球虫病或粘孢子虫病		肠道呈白色且前段肿大，肠内壁有许多白色絮状小结节。

第八章　农机

第一节　拖拉机(联合收割机)驾驶证申领及行驶证的变更

一、申领

(一)申请拖拉机(联合收割机)驾驶证的人,应当符合下列规定

1.年龄:18 周岁以上,60 周岁以下。

2.身高:不低于 150 厘米。

3.视力:两眼裸视力或者矫正视力达到对数视力表 4.9 以上。

4.辨色力:无红绿色盲。

5.听力:两耳分别距音叉 50 厘米能辨别声源方向。

6.上肢:双手拇指健全,每只手其他手指必须有 3 指健全,肢体和手指运动功能正常。

7.下肢:运动功能正常,下肢不等长度不得大于 5 厘米。

8.躯干、颈部:无运动功能障碍。

(二)有下列情形之一的,不得申请拖拉机(联合收割机)驾驶证

1.有器质性心脏病、癫痫、美尼尔氏症、眩晕症、癔病、震颤麻痹、精神病、痴呆以及影响肢体活动的神经系统疾病等妨碍安全驾驶疾病的。

2.吸食、注射毒品,长期服用依赖性精神药品成瘾尚未戒除的。

3.吊销拖拉机驾驶证或者机动车驾驶证未满 2 年的。

4.造成交通事故后逃逸被吊销拖拉机驾驶证或者机动车驾驶证的。

5.驾驶许可依法被撤销未满 3 年的。

6.法律、行政法规规定的其他情形。

(三)初次申领拖拉机(联合收割机)驾驶证,应当向户籍地或者暂住地农机监理机构提出申请,填写《拖拉机(联合收割机)驾驶证申请表》,并提交以下证明

1.申请人的身份证明及其复印件。

2.县级或者部队团级以上医疗机构出具的有关身体条件的证明。

申请增加准驾机型的,还应当提交所持拖拉机驾驶证。

(四)拖拉机驾驶人考试科目

1.科目一:道路交通安全、农机安全法律法规和机械常识、操作规程等相关知识考试。

2.科目二:场地驾驶技能考试。

3.科目三:挂接机具和田间作业技能考试,或田间(模拟)作业驾驶技能考试。

4.科目四:道路驾驶技能考试,或方向垂直走式联合收割机道路驾驶技能考试。

二、变更登记

(一)拖拉机变更

1.申请变更拖拉机机身颜色、更换机身(底盘)或者挂车的。

2.更换发动机的。

3.拖拉机因质量问题,由制造厂更换整机的。

4.拖拉机所有人的住所迁出农机监理机构管辖区的。

5.申请拖拉机转入的。

6.拖拉机为两人以上共同财产,需要将拖拉机所有人姓名变更的。

7.拖拉机所有人发现登记内容有错误的。

(二)联合收割机变更

1.改变机身颜色。

2.更换发动机。

3.因质量问题,制造厂更换整机的。

第二节 跨区作业证的申领

从事跨区作业的联合收割机,机主可向当地县级以上农机管理部门申领《联合收割机跨区收获作业证》(以下简称《跨区作业证》)。对符合条件的,农机管理部门免费发放《跨区作业证》,并逐级向农业部登记备案。《跨区作业证》由农业部统一制作,全国范围内使用,当年有效。严禁涂改、转借、伪造和倒卖《跨区作业证》。

申领《跨区作业证》的联合收割机应当具备的条件及操作注意事项:

1.具有农机监理机构核发的有效号牌和行驶证。

2.联合收割机驾驶员应熟练掌握联合收割机操作技能,熟悉基本农艺要求和作业质量标准,持有农机监理机构核发的有效驾驶证件。

3.联合收割机及驾驶员、辅助作业人员应严格按照《联合收割机及驾驶员安全监理规定》的要求进行作业，防止农机事故发生，做到安全生产。跨区作业期间发生农机事故的，应当及时向当地农机管理部门报告，并接受调查和处理。

4.严禁没有明确作业地点的联合收割机盲目流动，扰乱跨区作业秩序。

任何单位和个人不得非法上路拦截过境的联合收割机，诱骗、强迫驾驶员进行收割作业。

第三节　农业机械操作

一、操作技巧

为确保拖拉机安全作业，农机手应熟练掌握以下安全作业操作技巧：

1.在下田作业前，农机手要认真仔细地对拖拉机及农具，犁、耙、旋耕机等进行一次全面的体检。即维护保养和检修，使之技术状况良好，投入作业，达到高效、优质、低耗、安全的目的。

2.在拖拉机田间作业转移通过田埂或水沟、水渠时，应在切断旋耕机的动力后，再低速小油门缓慢通过。如遇高的田埂或宽深的水沟、水渠，要事先挖底填平或搭桥后，确认安全再通过，以防农机事故的发生。

3.在田间作业转弯调头时，拖拉机速度要慢。不要同时使用手扶拖拉机操纵转向手柄和尾轮踏板的方向急转弯。否则，可能会导致翻车事故。

4.拖拉机在田间旋耕作业时，如果采用乘坐尾轮踏板协助转向时，转向角度不宜过大，以防止驾驶操作人员的脚与旋耕机犁刀相碰而受伤。

5.拖拉机田间作业时，如果发生陷车，不要加大油门猛冲。应挖出车轮下的泥浆，垫铺木板或石块，然后开出。

6.如果旋耕机的犁刀轴被田间绿肥或杂物缠绕，应在发动机熄火的情况下清除，以防止事故发生。

二、农业拖拉机启动时的基本要求

1.检查润滑油和燃油是否符合规定要求。

2.检查变速杆是否置于空挡位置。

3.检查冷却水是否符合规定。严禁无冷却水启动。冬季启动前应该先加70℃左右温水预热，严禁启动前大量加沸水。

4.不准用明火烤车。

5.手摇启动要握紧摇把，发动机启动后，应立即取出摇把。

6.使用汽油发动机时，绳索不准缠绕在手上，身后不准站人，人体应避开启动回转面。启动后空转时间不准超过5分钟，满负荷运转时间不得超过15分钟。

7.使用电机启动时，每次启动工作时间不得超过10秒，一次不能启动时，应间歇2～3分钟再启动。严禁用金属件直接搭火启动。

8.主机启动后，应低速运转，注意倾听有无异常声音，观察机油压力，并检查有无漏水、漏油、漏气现象。

9.不准用牵引、溜坡方式启动拖拉机。如遇特殊情况，应急使用时，牵引车与被牵引车之间必须刚性连接，保持足够的安全距离，并有明确的联系信号；溜坡滑行启动时，要注意周围环境，确保安全，并有安全应急措施。

三、容易发生的几种不良操作行为

1.开带病车。拖拉机带病作业，是农机生产作业不安全因素中极重要的因素，很容易被广大农机驾驶员忽视。

2.违章驾驶拖拉机。农机事故多数是由于违反交通规则行车造成的。

3.无证驾驶拖拉机。驾驶证件是驾驶员经过训练、考核合格而取得的合法驾驶资格的证明，无证人员往往驾驶经验不足，遇有情况时心慌意乱，做出错误判断，这样就会造成农机事故。

4.下陡坡空挡滑行。下坡空挡行驶时发动机额定转速与驱动轮新产生的约束制动力消失，拖拉机在本身重量的作用下，导致车速越来越快，从而引发农机事故。

5.拖拉机载人、客货混装。

6.酒后驾驶操作农机。酒后不但反应时间变长，而且还会丧失应变能力。

7.拖拉机拖车超长、超宽、超高载物。

8.拖拉机牵引架上站人，挡泥板上坐人。

四、操作人员禁止行为

《农业机械安全监督管理条例》第二十三条第二款规定拖拉机、联合收割机操作人员不得有下列行为：

1.操作与本人操作证件规定不相符的拖拉机、联合收割机。

2.操作未按规定登记、检验或检验不合格、安全设施不全、机件失效的拖拉机、联合收割机。

3.使用国家管制的精神药品、麻醉品后操作拖拉机、联合收割机。

4.患有妨碍安全操作的疾病操作拖拉机、联合收割机。

5.国务院农业机械化主管部门规定的其他禁止行为。

五、联合收割机作业时应注意哪些安全事项

为保证人身和机具安全，驾驶联合收割机在作业时应注意以

下安全事项：

1.禁止非驾驶人员驾驶联合收割机。

2.按规定启动发动机，并预先检查变速杆挡位，卸粮手柄是否在分离位置。

3.在发动机启动、接合脱谷离合器和行走离合器前，必须给信号，以保证安全。

4.收割机运转时，不允许用手或脚触摸机器的工作部件，各种调整和保养只有在发动机停止运转后才能进行。

5.收割机工作时，地面允许最大坡度不超过 15 度，上下坡时不宜停车或停车换挡。在斜坡上作业必须停车时，应先踩离合器踏板，后踩刹车踏板，不要摘挡(车熄火后)。

6.经常检查刹车机构和转向机构的工作可靠性，发现问题及时解决。

7.卸粮时，禁止用铁器推送箱里的粮食，更不允许人跳进粮箱里，用脚推送粮食。

8.机器停止后，应将变速杆置于空挡位置，切断脱粒离合器，在割台未放到可靠的支撑物之前，禁止人到割台下工作。

9.及时清理残留在发动机和散热器护罩上的茎秆杂物。

10.及时处理发动机燃油以及液压系统的漏油问题。

11.经常检查电线的连接和绝缘情况，电路导线上不应粘有油污。

12.不许在正在收割的地块内加油，严禁在机器和作物旁吸烟。

13.收割开始前，应在收割机上装一个状态良好的灭火器。

14.联合收割机行使转向时，不能操纵液压提升和行走无级变速控制，防止转向失灵发生意外。

15.修理割台和在割台倾斜输送器下工作时，一定将油缸锁定装置锁住。

第四节　农机监理办理业务须知

	申请项目	申请条件	需要提交的材料
拖拉机（联合收割机）	拖拉机（联合收割机）注册登记	一、初次申领拖拉机号牌、行驶证的，应当在申请注册登记前，对拖拉机进行安全技术检验，取得安全技术检验合格证明。 二、初次申领联合收割机号牌、行驶证的，应当取得农机监理机构的安全技术检验合格证明。	一、1.拖拉机所有人身份证明；2.拖拉机来历证明；3.整机出厂合格证明；4.法律、行政法规规定登记时提交的其他证明、凭证。交验拖拉机。 二、1.联合收割机登记申请表；2.所有人身份证明；3.联合收割机来历凭证；4.产品合格证明；5.安全技术检验合格证明。交验联合收割机。
	拖拉机（联合收割机）年检	一、拖拉机应当从注册登记之日起每年检验一次。 二、登记的联合收割机应当每年进行一次安全技术检验。	一、拖拉机所有人申领检验合格标志时，应当提交行驶证、拖拉机第三者责任强制保险凭证、拖拉机安全技术检验合格证明。 二、登记的联合收割机应当每年进行一次安全技术检验。

续表 1

	申请项目	申请条件	需要提交的材料
	拖拉机（联合收割机）变更登记	一、拖拉机变更 1.申请变更拖拉机机身颜色、更换机身（底盘）或者挂车的； 2.更换发动机的； 3.拖拉机因质量问题，由制造厂更换整机的； 4.拖拉机所有人的住所迁出农机监理机构管辖区的； 5.申请拖拉机转入的； 6.拖拉机为两人以上共同财产，需要将拖拉机所有人姓名变更的； 7.拖拉机所有人发现登记内容有错误的。 二、联合收割机变更 1.改变机身颜色； 2.更换发动机； 3.因质量问题，制造厂更换整机的。	一、拖拉机变更 1.提交法定证明、凭证； 2.提交拖拉机登记证书及行驶证，并交验拖拉机； 3.需变更所有人的，应提交变更前和变更后拖拉机所有人的身份证明、拖拉机登记证书、拖拉机行驶证、共同所有的证明； 4.拖拉机登记证书。 二、联合收割机变更 1.所有人身份证明； 2.行驶证； 3.变更的发动机或整机的来历凭证，以及联合收割机安全技术检验合格证明。

续表 2

	申请项目	申请条件	需要提交的材料
驾驶证	申领拖拉机(联合收割机)驾驶证	1.年龄:18 周岁以上,60 周岁以下; 2.身高:不低于 150 厘米; 3.视力:两眼裸视力或矫正视力达到对数视力表 4.9 以上; 4.辨色力:无红绿色盲; 5.听力:两耳分别距音叉 50 厘米能辨别声源方向; 6.上肢:双手拇指健全,每只手其他手指必须有 3 指健全,肢体和手指运动功能正常; 7.下肢:运动功能正常,下肢不等长度不得大于 5 厘米; 8.躯干、颈部:无运动功能障碍。	一、申领拖拉机驾驶证的: 1.申请人的身份证明及其复印件; 2.县级或部队团级以上医疗机构出具的有关身体条件的证明; 3.申请增加准驾机型的,除提交以上证明外,还应提交所持有拖拉机驾驶证。 二、申领联合收割机驾驶证的 1.联合收割机驾驶证申请表; 2.身份证明; 3.县级或者部队团级以上医疗机构出具的有关身体条件证明; 4.申请增加准驾机型的,应当向所持联合收割机驾驶证核发地农机监理机构提交以上证明材料及联合收割机驾驶证。

续表 3

	申请项目	申请条件	需要提交的材料
	补、换领拖拉机（联合收割机）驾驶证、驾驶证审验	一、拖拉机 1.拖拉机驾驶证有效期满； 2.拖拉机驾驶人户籍迁出驾驶证核发地农机监理机构管辖区的； 3.拖拉机驾驶证记载的拖拉机驾驶人信息发生变化的，或驾驶证损毁无法辨认的； 4.拖拉机驾驶证遗失的。 二、联合收割机 1.联合收割机驾驶证有效期满； 2.联合收割机驾驶证记载的内容变化、损毁无法辨认； 3.联合收割机驾驶证遗失的。	一、拖拉机 1.①拖拉机驾驶人的身份证明及其复印件；②拖拉机驾驶证；③县级或者部队团级以上医疗机构出具的有关身体条件的证明。 2.①驾驶证核发地档案资料；②拖拉机驾驶人的身份证明；③拖拉机驾驶证。 3.拖拉机驾驶人的身份证明。 4.①拖拉机驾驶人的身份证明；②拖拉机驾驶证遗失的书面声明。 二、联合收割机 1.①联合收割机驾驶证申请表；②身份证明；③驾驶证；④县级或者部队团级以上医疗机构出具的有关身体条件的证明。 2.①申请表；②身份证明； 3.①身份证明；②遗失的书面声明。

第五节 农机安全知识问答

1.问:申请拖拉机注册登记,所有人需要提交哪些材料?

答:(1)拖拉机所有人的身份证明;

(2)拖拉机来历证明;

(3)国产拖拉机的整机出厂合格证或者进口拖拉机的进口凭证;

(4)拖拉机第三者责任强制保险凭证。

2.问:拖拉机(联合收割机)驾驶人在办理哪些业务时需要提交身体条件证明?

答:(1)初次申领拖拉机(联合收割机)驾驶证;

(2)申请增加准驾机型;

(3)拖拉机(联合收割机)驾驶证有效期满换证;

(4)拖拉机(联合收割机)驾驶人年龄在60岁以上的,应当每年进行一次体检,并提交身体条件证明。

3.问:拖拉机驾驶人考试科目一的考试内容是什么?

答:道路交通安全、农机安全法律法规、机械常识和操作规程等相关知识。

4.问:拖拉机驾驶人要参加年度审验吗?

答:拖拉机驾驶人不参加年度审验,但在驾驶证有效期满换发驾驶证时要进行审验。

5.问:拖拉机驾驶人的准驾机型代号有哪些?

答:“G”“H”“K”。

6.问:联合收割机驾驶人的准驾机型代号有哪些?

答:“R”“S”“T”。

7.问:拖拉机驾驶人准驾机型代号“G”的含义是什么?

答:是大中型拖拉机(发动机功率在 14.7 千瓦及以上)。

8.问:拖拉机驾驶人准驾机型代号“H”的含义是什么?

答:是小型拖拉机(发动机功率在 14.7 千瓦以下)。

9.问:拖拉机驾驶人准驾机型代号“K”的含义是什么?

答:是手扶式拖拉机。

10.问:联合收割机驾驶人准驾机型代号“R”的含义是什么?

答:是方向盘自走式联合收割机(发动机功率在 14.7 千瓦以上)。

11.问:联合收割机驾驶人准驾机型代号“S”的含义是什么?

答:是操纵杆自走式联合收割机。

12.问:联合收割机驾驶人准驾机型代号“T”的含义是什么?

答:是悬挂式联合收割机(发动机功率在 14.7 千瓦以下)。

13.问:哪些事故属于农业机械事故?

答:农业机械在田间、场院、乡村道路上停放、作业或者转移过程中,发生碰撞碾轧、翻车、落水、火灾等,造成人员伤亡、经济损失的属农机事故。

14.问:发生了农业机械事故应该怎么办?

答:农业机械发生事故时,驾驶人应当立即停车、保护现场并迅速报告当地农机监理机构。造成人员伤亡的,驾驶人应当立即抢救受伤人员。因抢救伤员需要变动现场的,应当标明位置。参加保险的驾驶人要同时通知保险公司。

15.问:造成交通事故后逃逸被吊销拖拉机驾驶证的是否允许申请拖拉机驾驶证?

答:不允许。

第九章　农谚

农谚

节气不等人，春日胜黄金。

年前立春过年暖，过年立春二月寒。

惊蛰有雨并闪雷，麦积场中如土堆。

惊蛰麦返青，春分麦起身；

惊蛰犁头地，春分地通气；

惊蛰地不透，不过三五六；

惊蛰不耕田，不过三五天。

春分一到昼夜平，耕田保墒要先行。

春分麦起身，一刻值千金。

春分前后怕春霜，一见春霜麦苗伤。

春分地气通。

清明断雪，谷雨断霜。

清明到立夏，倒伏最可怕。

谷雨前，紧种棉。

立夏麦咧嘴，不能缺了水，芒种火烧天，夏至雨绵绵。

立夏见麦芒。

不宜早，不宜迟，小满套种正当时。

小暑前，草拔完。

秋分奶白菜。

秋分早，霜降迟，寒露麦子正当时。

处暑见新花。

秋分谷子割不得，寒露谷子养不得。

初伏有雨，伏伏有雨。

过伏不种秋，种秋也不收。

三伏有雨秋苗壮，三九有雪麦苗强。

朝立秋，凉飕飕；暮立秋，热到冬。

白露早，寒露迟，秋分种麦正当时。

寒露一到百草枯，薯类收藏莫迟误。

重阳无雨看十三，十三无雨一冬干。

霜降不起葱，越长心越空。

霜降到立冬，翻地冻害虫。

小雪不砍菜，必定有一害。

夜冻日消，冬灌正好。

立冬无雨一冬晴。

小雪雪满天，来岁必丰年。

冬至多风，寒冷年丰。

冬至天晴明，来年歌太平。

大寒不寒，人马不安。

冬至雨，除夕晴；冬至晴，除夕地泥泞。

八月十五云遮月，正月十五雪打灯。

枣芽发，种棉花。

只要功夫深，土里出黄金。

三年不选种，增产要落空。

好儿要好娘，种田要好秧。

作物不好胡搭配，乱点鸳鸯要吃亏。

桃花落在尘土里，打麦打在泥浆里；

桃花落在泥浆里，打麦打在尘土里。

朝霞不出门，晚霞行千里。

瑞雪兆丰年。

冬天麦盖三层被，来年枕着馒头睡。

一九二九难出手；

三九四九冰上走；

五九和六九，河边看杨柳；

七九河开冻，八九燕子来；

九九加一九，耕牛遍地走。

不怕阴雨天气久，只要西北开了口。

云向东，有雨变成风，云向南，水涟涟，云向西，下地披衣。

东风急，备斗笠。

雨后生东风；未来雨更凶。

星星稀，好天气；

星星明，来日晴。

直闪雨小，横闪雨大；

炸雷雨小，闷雷雨大。

鸡进笼晚兆阴雨。

燕子低飞要落雨。

蚂蚁搬家早晚要下。

鱼儿出水跳，风雨就来到。

水缸穿裙，大雨淋淋。

雷轰天顶，虽雨不猛；

雷轰天边，大雨连天。

一场秋雨一场寒，十场秋雨穿上棉。

早晨下雨当日晴,晚上下雨到天明。

久雨冷风扫,天晴定可靠。

喜鹊枝头叫,出门晴天报。

有收无收在于水,多收少收在于肥!

久雨大雾必晴,久晴大雾必雨。

麦无二旺,冬旺春不旺。

麦怕二月雪,谷怕八月风。

麦收三件宝,头多、穗大、籽粒饱。

九成熟,十成收;十成熟,一成丢。

豆子不怕连阴雨,麦子喜欢火烧天。

春玉米难得晚,夏玉米难得早。

垄儿窄,棵儿远,一场大风当柴捡(玉米)。

若要玉米好,先要肥料饱。

玉米施穗肥,穗大籽粒肥。

玉米去了头,力气大如牛。

温度十五六,放到六月六(甘薯)。

花生花生,换土丰登(花生)。

花生怕重茬,重茬减产大。

庄稼一枝花,全靠肥当家。

氮长枝叶磷长籽,不施钾肥软腿子。

粪生上,没希望;粪熟上,粮满仓。

九里有风伏里有雨。

春风多,秋雨多,春风换秋雨。

杨絮落,栽山药。

主要参考文献

一、沼气

[1]王革华.农村能源基础知识[M].北京:中国农业大学出版社,1999.

[2]孟孟津.沼气生产利用技术[M].北京:中国农业大学出版社,1999.

[3]周孟津,张榕林,蔺金印.沼气实用技术[M].北京:化学工业出版社,2004.

[4]白金明.沼气综合利用[M].北京:中国农业科技出版社,2002.

[5]农业部环境能源司,中国农业出版社.生态家园进农家[M].北京:中国农业出版社,2001.

[6]农业部环境能源司,中国农业出版社.沼气用户手册[M].北京:中国农业出版社,2002.

[7]苑瑞华.沼气生态农业技术[M].北京:中国农业出版社,2001.

[8]胡海良,卢家翔.南方沼气池综合利用技术[M].南宁:广西科技出版社,1998.

[9]农业部沼气科学研究所.农村沼气生产与利用 100 问[M].北京:中国农业科技出版社,2001.

[10]宋洪川,张无敌,尹芳.农村户用沼气池知识问答[M].昆明:云南科技出版社,2003.

[11]邱凌.农村庭院沼气技术[M].杨凌:农业部沼气产品质检中心西北工作站,2003.

[12]邱凌.沼气与庭院生态农业[M].北京:经济管理出版社,1997.

[13]邱凌.农家沼气综合利用技术[M].西安:西北大学出版社,1997.

[14]邱凌.沼气发酵与综合利用[M].杨凌:天则出版社,1990.

[15]农业部环境能源司.沼气技术手册[M].成都:四川科技出版社,1990.

[16]姚永福,徐杰泉.中国沼气技术[M].北京:中国农业出版社,1989.

[17]刘英.农村沼气实用技术[M].成都:农业部沼气科学研究所,2002.

[18]黄光裕.农村沼气实用技术[M].长沙:湖南科技出版社,1992.

[19]李长生.农家沼气实用技术[M].北京:金盾出版社,1995.

[20]董金锁,薛开吉.农村沼气实用技术[M].河北:河北科技出版社,2009.

二、蔬菜

[1]李天来.设施蔬菜栽培学[M].北京:中国农业出版社,2011.

三、农谚

[1]张桃林.农谚800句[M].北京:中国农业出版社,2014.